U0281722

弘深·科学技术文库

大倾角松软厚煤层综放开采技术研究及应用

Research and Application of Fully Mechanized Caving Mining Technology for Soft and Thick Coal Seam with Large Dip Angle

陈蓥 著

重庆大学出版社

内容提要

本书以庞庞塔煤矿 9#煤层综放开采自然地质与开采技术条件为背景,分析评价了大倾角综放开采顶煤冒放性并研究了其运移规律。不仅建立了大倾角综放工作面直接顶岩层及基本顶岩层结构力学模型,而且结合大倾角综放开采数值模拟相似材料模拟实验,研究了大倾角综放开采矿压显现规律,并进行了现场工作面矿压实测。同时,分析了工作面支架稳定性影响因素,提出了工作面支架与煤壁的稳定性控制技术。进一步优化了大倾角综放开采放煤工艺;并进行了现场工业性试验,取得了良好效果,可作为相关研究人员的参考资料。

图书在版编目(CIP)数据

大倾角松软厚煤层综放开采技术研究及应用／陈蓥
著. -- 重庆:重庆大学出版社,2022.6
ISBN 978-7-5689-3368-1

Ⅰ.①大… Ⅱ.①陈… Ⅲ.①特厚煤层采煤法 Ⅳ.
①TD823.25

中国版本图书馆 CIP 数据核字(2022)第 106291 号

大倾角松软厚煤层综放开采技术研究及应用

DAQINGJIAO SONGRUANHOU MEICENG ZONGFANG KAICAI JISHU YANJIU JI YINGYONG

陈 蓥 著

特约编辑:涂 昀

责任编辑:苟荟羽　　版式设计:苟荟羽
责任校对:关德强　　责任印制:张 策

*

重庆大学出版社出版发行
出版人:饶帮华
社址:重庆市沙坪坝区大学城西路 21 号
邮编:401331
电话:(023) 88617190　88617185(中小学)
传真:(023) 88617186　88617166
网址:http://www.cqup.com.cn
邮箱:fxk@cqup.com.cn(营销中心)
全国新华书店经销
重庆升光电力印务有限公司印刷

*

开本:720mm×1020mm　1/16　印张:10.75　字数:155 千
2022 年 6 月第 1 版　　2022 年 6 月第 1 次印刷
ISBN 978-7-5689-3368-1　定价:88.00 元

前　言

霍州煤电集团庞庞塔煤矿9#煤层赋存于太原组中下部,属于大倾角松软特厚煤层,煤层结构复杂。通过庞庞塔煤矿的开采实践可知,大倾角松软厚煤层开采过程中存在倾角大的区域下部支架放煤而上部5~8架顶煤流空的严重安全隐患、循环产量和放煤效率低、超前支护方式和范围不合理、设备下滑与倾倒、工作面刮板输送机飞矸等问题。因此,对9#大倾角松软厚煤层综采放顶煤的安全高效开采关键技术研究及进行松软厚煤层顶煤的冒放运移规律和工作面矿压显现规律研究显得格外重要,对提高大倾角松软厚煤层综放开采的煤炭回采率,降低贫化率,确保矿井安全、高效生产具有重要现实意义和巨大的实用价值。

本书综合国内外大倾角煤层开采方法、覆岩规律研究及围岩控制理论,基于庞庞塔煤矿9#煤层综放开采自然地质条件,结合庞庞塔煤矿在大倾角松软厚煤层综合机械化放顶煤开采现状,评价了大倾角综放开采顶煤冒放性并研究了其运移规律。建立了直接顶岩层及基本顶岩层结构力学模型进行大倾角煤层开采顶板结构力学分析,结合大倾角综放开采数值模拟分析及采动覆岩层结构及运动特征相似模拟实验,研究了大倾角综放开采矿压显现规律。此外,基于对回采工作面与回采巷道进行矿压监测,分析了巷道表面变形监测数据、巷道围岩深部位移监测数据、顶板离层监测数据、工作面超前单体支柱压力监测数据、锚杆(索)受力、煤体应力监测数据及工作面支架工作阻力监测;基于对工作面支架稳定性、工作面支架稳定性控制技术及工作面煤壁的稳定性控制分析,研究了大倾角工作面综放开采安全技术;利用数值模拟研究了大倾角综放开采放煤工艺;为进一步验证上述实验结果,选取两个月的生产时间进行现场工业性试验。

本书利用岩梁理论,建立了大倾角综放工作面顶板结构力学模型,从而得到大倾角工作面直接顶形成的"砌体拱"小结构和基本顶形成的"砌体梁"大结构的力学模型,分析了结构失稳的极限条件,得到了直接顶、基本顶在工作面不同位置处的破断与运动规律及其对工作面矿压显现规律的影响作用。对大倾角工作面综放支架的受力分析,得到了工作面支架极限倾倒角,针对设备防倒防滑提出了工作面端头弯曲布置、工作面伪斜布置、设置防倒(滑)千斤顶、带压移架等综合防范措施,实现了大倾角综放工作面的安全回采。上述研究成果对类似条件下的矿井掌握大倾角松软厚煤层综采放顶煤的安全高效开采关键技术、松软厚煤层顶煤的冒放运移规律及矿压显现规律,实现安全高效生产具有重要的指导意义。

著　者

2022 年 2 月

目　录

1 绪论

1.1 研究背景和意义

山西霍州煤电集团庞庞塔煤矿 9#煤层赋存于太原组中下部,上距 5#煤层 40.90～56.15 m,平均 50.63 m。煤层厚度为 10.8～12.4 m,平均 11.8 m,倾角 4°～34°,普氏系数 f 为 1,属大倾角松软特厚煤层,煤层结构复杂,一般含夹矸 1～4 层,夹矸厚度 0.10～0.38 m,夹矸多为炭质泥岩。9#煤层直接顶为泥质灰岩,不规则裂隙及斜交裂隙发育,大部分充填方解石,含贝壳等动物化石,夹泥灰岩薄层,平均厚度 6.7 m;伪顶为炭质泥岩,灰色,半坚硬,中部夹有少量黑色、半亮型煤,平均厚度 0.5 m;煤层直接底为泥岩,灰色,块状,平均厚度 1.9;老底为浅灰色细粒砂岩,中厚层状,坚硬及半坚硬,脉状层理,斜交裂隙发育,未充填,平均厚度 2.0 m。9#煤层采用综采放顶煤一次采全厚走向长壁采煤法开采,机采高度 3.2 m,放顶煤厚度 8.6 m,单向割煤,一采一放,采用单轮顺序放煤方式,割煤步距 0.8 m,放煤步距 0.8 m。

庞庞塔煤矿开采实践表明,大倾角松软厚煤层开采过程中存在倾角大的区域下部支架放煤,而上部 5～8#架顶煤流空的安全隐患、循环产量和放煤效率低、超前支护方式和范围不合理、设备下滑与倾倒、工作面刮板输送机飞矸等问题。庞庞塔煤矿在大倾角松软厚煤层综合机械化放顶煤开采技术方面积累了丰富的技术和管理经验,但在开采过程中还存在诸多的技术问题需要进一步深入研究,主要有以下几个方面:一是倾角大的区域放煤过程中出现下部支架放煤而上部 5 ~ 8#架顶煤流空,存在严重安全隐患,而采用下部支架少量放煤控制上部支架顶煤流空,造成了煤炭资源严重浪费;二是松软厚煤层顶煤的冒放运移规律不清;三是松软厚煤层工作面矿压显现规律不清;四是如何提高综放工作面放煤效率、顶煤回收率及降低贫化率;五是综放工作面循环产量如何提升;六是综放工作面超前支护距离的合理确定。

因此,通过开展 9#大倾角松软厚煤层综采放顶煤安全高效开采关键技术研究,分析松软厚煤层顶煤的冒放运移规律和工作面矿压显现规律,根据煤层赋存情况采用合理可行的放煤技术,优化放煤工艺参数,并制订相应的安全技术措施,对提高大倾角松软厚煤层综放开采的煤炭回采率,降低贫化率,确保矿井安全、高效生产具有重要的现实意义和巨大的实用价值。

1.2 同类技术国内外研究现状

1.2.1 大倾角煤层开采方法国外研究现状

(1)国外研究现状

大倾角煤层的煤炭储量在俄罗斯、英国、法国、德国、波兰等国家的煤炭资源总量中占有相当大的比重,作为主要开采大倾角煤层的国家,对中厚及厚煤层综采进行了大量研究。20 世纪 40 年代末,国外矿井开始使用金属支柱和液压单体支柱,利用炮采进行大倾角煤层开采,由于产量低、安全隐患严重,未进行推广。20 世纪 50 年代,苏联率先研制出 KTY 型掩护式高位放顶煤支架,采用预采顶分层网下放顶煤采煤法对工作面 5° ~ 18°倾角的厚煤层进行工业性试验,并获得了良好效果。20 世纪 70 年代,苏联开始了急倾斜大倾角煤层机械化开采的研究,研制出用于综合机械化回采的采煤机和液压支架,同时还对倾角大的煤层进行回采工艺研究,奠定了大倾角煤层开采技术研究的科学基础。玛雷公司研制出 FB21-30S 型支撑掩护式支架,同时配套使用单滚筒链牵引采煤机和德国生产的 EKF2 型铠装前、后部输送机,在顶板易碎、煤层倾角达 30°的布朗茨矿进行了放顶煤机械化开采试验并取得成功。20 世纪 80 年代,越来越多的国家开始应用放顶煤开采技术,理论研究也得到不断完善,工作面采出率最高达 90%。其中苏联的乌克兰顿涅茨克煤矿机械设计院为急倾斜、大倾角煤层工作面设计了采煤机及相应的配套支护设备。通过在工作面回风巷中安装一台绞车,并将采煤机的牵引部连接到绞车系统,从而保证采煤机拥有足够的爬坡能力,现场取得了良好的应用效果。1992 年,威斯特伐里亚-贝考特公司生产的 G9-38Ve4.6 加高型滑行式刨煤机,辅助配合 WS17 型宽体双伸缩二柱掩护液压支架,应用于鲁尔矿区的威斯特豪尔特矿,开采了鲁尔矿区的大倾角煤层。德国相关领域专家对防倒、防滑组合性支架设备进行了研究,并应用于大倾角和急倾斜煤层开采,在鲁尔矿区 18°~38°大倾角煤层开采中应用该套设备配合刨煤机进行开采,取得了较好的效果;英国将适用于 25°~45°煤层倾角的多布逊支架与伽里克支撑式支架应用于大倾角煤层开采,也取得了一定效果;此外,南斯拉夫、匈牙利、波兰、印度等国在引进国外先进技术及装备的基础上,通过自主研发,将综采放顶煤开采技术应用于开采倾斜煤层,并取得了成功。

（2）国内研究现状

大倾角煤层的开采方法选择不仅与煤层的围岩性质、埋藏深度、水文地质、自然发火期等因素有关,更和煤层倾角、厚度有关。20 世纪 50 年代前我国对大倾角煤层开采,主要采用高落式采煤法及人工落煤等方法,开采工艺落后,且存在生产安全条件差、资源回收率低等问题。

20 世纪 50 年代初,倒台阶采煤法被广泛地应用于开采急倾斜、大倾角煤层,该方法具有巷道简单和对地层变化适应性较强等特点。20 世纪 50 年代末,我国一些矿区的大倾角松软煤层开采开始采用钢丝绳锯采煤法开采,并相继在河北省、辽宁省、四川省的一批矿区获得了一定范围的推广应用。20 世纪 60 年代,安徽淮南矿区采用伪倾斜柔性掩护支架采煤法开采,该方法具有生产系统简单、掘进率低等优点,随后在开滦、徐州等矿区开始应用。倒台阶法和伪倾斜柔性掩护支架采煤法虽布置简单,但劳动强度大,采空区顶板管理困难,不利于煤矿开采机械化的实现,存在一定的局限性。

20 世纪 80 年代初,我国一批煤炭科研院和高校院所致力于研究大倾角厚煤层综合机械化开采的配套装备,曾先后从波兰、西班牙等国引进先进的机械设备。部分矿务局开始尝试将此技术应用于开采煤层倾角为 30°左右的特厚煤层。放顶煤采煤法能够适应复杂多变的地质条件,工作面效率较高,巷道系统简单,机械化程度较高,便于集中生产和科学管理。1984 年,煤炭科学研究总院北京开采所研制出 ZYS9600-14/32 大倾角液压支架,经试验检验能够适用于 35°~55°的煤层开采,但未进行工业性试验。沈阳蒲河煤矿运用国产 FY400-14/28 型综放支架进行综放开采的工业性试验,取得了大倾角煤层综放开采的技术经验。1986 年,甘肃窑街矿务局二矿采用水平分段综采开采急倾斜特厚煤层,其开采最大煤层倾角达 55°,试验取得圆满成功。甘肃窑街矿务局率先进行了大倾角特厚煤层的水平分段综放开采试验,之后甘肃靖远矿务局、内蒙古平庄矿务局、新疆乌鲁木齐矿务局等也相继使用该方法进行开采,均取得了较好的技术经济效果。1989 年,我国成功研制出适应于煤层倾角达 55°的综放液压支架,但由于支架现场使用存在缺陷,因而没有得到大范围推广。

20 世纪 90 年代后,随着绿水洞煤矿成功实现大倾角中厚煤层的长壁综采,我国多地矿井开始了不同类型的大倾角综采试验。进入 21 世纪后,我国大倾角研究更加详尽,均取得了重大研究成果。安全可靠的大倾角工作面系统,使得我国关于大倾角煤层综合机械化开采的研究处于国际领先水平。2003 年,靖远煤业集团有限责任公司的王家山煤矿 4 4407 工作面,采用下部圆弧段布置方式,在倾角 38°~49°大倾角煤层进行工业性实验,证明了综放技术可行性。2006 年,甘肃华亭县东华镇煤矿煤层倾角 38°~47°,属于厚及中厚煤层,成功运用综采和综放技术实现了大倾角煤层的开采。2007 年,新疆焦煤(集团)有限

责任公司也运用综采综放技术开采了倾角为 37°~42°的中厚煤层,并于 2010
年成功研制了"可调宽、抗倒滑"的新型液压支架,运用该种支架开采了大倾角
大采高煤层。2012—2013 年甘肃华亭煤矿工作面采用双斜切布置,开采了倾角
为 52°的煤层。2014 年,甘肃华亭煤矿在急倾斜煤层开采技术再次取得重大突
破。2021 年,甘肃某矿结合坚硬顶板大倾角开采理论和生产经验,采用综采放
顶煤工艺,开采了 8 m 厚 55°煤层,开采效果良好。在大倾角煤层开采相关研究
中,大量科研单位和煤矿完成了许多工业性实践,积累了丰富的开采经验,同时
也取得了经济收益,为今后的大倾角煤层开采提供了诸多借鉴实例。

1.2.2 大倾角煤层开采覆岩运动规律国内外研究现状

(1)国外研究现状

采矿工作者从开采煤炭资源之初,就观察和认识到开采带来的覆岩运动与
破坏,并探索控制岩层移动的措施。早在 18 世纪下半叶,比利时人就提出了
"法线理论"和"自然斜面理论",并能够初步估算出覆岩移动的范围。这些理
论为以后覆岩运移规律的进一步研究奠定了基础。20 世纪后期,门者尔观测到
开采过程中地表除下沉外,还存在水平方向的变形和位移,并对大倾角煤层开
采地表的移动过程进行了分析。

第二次世界大战后,各国学者对大倾角煤层开采覆岩运动规律继续进行了
大量研究,苏联学者阿维尔申对覆岩活动进行了细致的研究工作,并出版了专
著《煤矿地下开采的岩层移动》,提出了覆岩下沉盆地剖面方程及数学塑性理
论。布德雷克在波兰学者克诺特研究的基础上,解决了下沉盆地中水平移动及
水平变形的问题,提出了布德雷克-克诺特理论。20 世纪以来,多名学者提出了
矿山压力假说。苏联学者提出的铰接岩块假说,阐明了工作面上覆岩层的分带
情况和岩层内部结构。德国人 W. Hack 和 G. Eiillitzcr 提出了悬臂梁假说,假说
将垮落后的顶板看作一端固定在工作面前方煤体上的悬臂梁。1954 年波兰学

者李特威尼申提出著名的随机介质理论,他将岩层移动看作一个随机过程,认为地表下沉服从柯尔莫哥洛夫方程,从而大大丰富和发展了岩层移动计算理论。印度专家结合印度东北部煤田大倾角厚煤层的赋存地质条件,采用实验研究方法,对不同煤层厚度、不同煤层倾角条件下围岩的应力分布特征进行了分析,并在此基础上对放顶煤采煤法开采该类煤层的可行性进行了探讨。

(2)国内研究现状

1981 年,刘天泉和仲维林等学者通过对大倾角煤层开采时上覆岩层运移的深入研究,分析了大倾角煤层开采时的覆岩破坏规律。马伟民、王金庄等在对该领域研究成果进行系统总结的基础上,于 1983 年组织编著了《煤矿岩层与地表移动》。1986 年,西安矿业学院吴倩、石平等通过急倾斜煤层矿压显现特征研究,揭示了急斜煤层开采顶板岩层结构形成机理。宋振骐于 1988 年在以研究采场上覆岩层运动为中心的基础上提出了传递岩梁理论,并出版了《实用矿山压力控制》等专著。

20 世纪 90 年代后期,钱鸣高提出了岩层控制的关键层理论,系统阐述了关键层理论的意义、概念和判别方法。四川师范大学黄建功提出了对大倾角煤层开采顶板分类指标与方案,进而对工作面的直接顶、基本顶进行分类和分级,对大倾角煤层开采工作面沿倾斜方向的冒落带高度的影响因素进行了分析,阐明了顶板岩层的运移特征以及基本顶的来压实质。肖家平、王家臣等研究了大倾角煤层的矿压显现规律,研究表明大倾角煤层在走向长壁开采过程中,工作面沿倾斜方向矿压显现具有时序性,呈现"先中部""次上部""再下部"的基本特征,而沿走向方向的矿压显现特征与一般煤层倾角条件下类似。罗生虎通过研究大倾角煤层开采过程中采高对围岩应力特征及移动变形的影响,采用数值模拟和理论分析的方法,发现随着采高的增大,对围岩运移及覆岩垮落形态的非对称性的影响程度将进一步扩大。孟宪锐通过多种研究手段,通过分析大倾角煤层基本顶的周期破断顺序,得出大倾角煤层基本顶在工作面回采后,最先断裂的位置为工作面倾斜方向的中下部,然后为工作面的中上部,再上部为基本顶,最后为下部基本顶,并结合实际矿井进行了验证分析。张艳丽、李开放等研究了综放开采中上覆岩层倾斜方向的运移特征,表明工作面顶煤或顶板运移是不对称的,破坏方式也存在一定差异,上覆岩层运移是一个空间问题。来兴平教授采用物理相似模拟实验及数值计算方法,对大倾角特厚煤层综放开采煤岩的运移规律和应力分布规律进行了研究。张顶立通过对现场进行大量的实验,提出综放工作面上覆岩层结构的基本形式为"半拱"式与"砌体梁"相结合的结构特征。

1.2.3　大倾角煤层开采和围岩控制国内外研究现状

（1）国外研究现状

国外对矿山压力规律的研究主要集中在近水平和缓倾斜煤层上,在大倾角煤层占一定比例的苏联、德国、法国、英国、波兰等几个国家中,苏联对矿山压力的研究占据主导地位。20 世纪 30—40 年代,苏联开始对矿山压力显现规律进行研究,通过对大倾角煤层开采过程中上覆岩层沉陷现象进行观测,得到了实测数据和原始记录,并在分析与总结的基础上对岩层控制和采煤工艺规律进行了完善和总结,并最终生产出综采设备。通过对不同开采条件、不同赋存煤层、不同支护设备条件下的工作面进行矿压规律观测,得出了大倾角煤层在多种条件下矿压显现的基本规律。通过实验室相似材料模拟,对倾斜煤层进行了顶板分类,并研究了采动对顶板运动特性和矿压分布规律的影响,在 1974 年出版了研制大倾角厚煤层综合机械化装备和开采方法及工艺的相关专著。英国学者Wilson 和 Brown 通过研究煤层倾角对工作面上覆顶板岩层的影响,得出了确保工作面顶底板不出现滑移的合理支架工作阻力。顿巴斯矿区、卡拉岗达矿区、洛林矿区、鲁尔矿区分别在大倾角煤层中应用综采技术进行开采,使其矿井生产效率和利润有了明显的提高,获得了良好的技术经济效果。捷克的鲍迪研究了无人开采技术在较坚硬大倾角煤层应用的安全性及可操作性。俄罗斯的库拉科夫系统研究并完善了大倾角煤层工作面矿压规律显现的一般规律。印度的 Singh 利用实验室研究方法,对印度东北部的大倾角厚煤层进行了研究,探讨了放顶煤开采技术运用的可行性。

国外对大倾角厚煤层的研究,主要限于长壁综合机械化开采方面并集中在苏联、德国、波兰等国家。但因工作面倾角大、工艺复杂、产量和效率较低,其近几年的发展缓慢,而且大倾角复杂厚煤层的走向长壁综放开采也少有报道。

(2)国内研究现状

我国对矿山压力规律的研究,大多集中于近水平和缓倾斜煤层,直到 20 世纪 80 年代才开始针对大倾角煤层开采时的矿压显现特征进行研究,多通过数值模拟,相似材料模拟实验与现场实测相印证的方法。1986 年,南桐矿务局就总结了顶板下沉与采煤工序之间的关系,其通过对南桐一矿进行矿压观测,获得了工作面的周期来压步距。方伯成研究得出大倾角煤层工作面在倾向上也能形成三铰拱岩块结构,沿工作面走向方向的矿压显现变化较小,工作面走向与倾向方向的上覆岩层平衡与失稳是导致工作面周期来压的关键。华道友、平寿康通过实验对大倾角煤层不同倾角、不同开采体系下矿压规律进行研究,获得了开采过程上覆岩层破坏规律及控制措施,同时也较系统地研究了大倾角煤层矿压显现规律及防治对策。王金安基于弹性力学理论,建立了横纵荷载作用下大倾角煤层基本顶的薄板力学模型,分析了基本顶上、下板面的应力分布特征,获得了基本顶断裂线发育轨迹与破坏区演化规律,提出了大倾角煤层基本顶的初次破断"V—Y"型断裂模式,验证了基本顶初次断裂过程中采场围岩应力场分布及矿压显现具有时序性和非对称特征。吴绍倩、石平五等系统研究了急倾斜煤层的矿压显现规律,得出了开采过程中初次来压和周期来压明显,来压步距较大,工作面矿压分布不均,工作面支架所受压力多处于较低状态,比缓倾斜煤层开采过程中小等结论。

蒋威针对深埋大倾角工作面巷道变形大、难支护的问题,使用 UDEC2D 数值模拟软件和钻孔窥视技术对深埋泥岩顶板巷道稳定性进行研究,得出对于深埋大倾角工作面巷道,高地应力、顶板平行层向裂隙发育、两侧煤帮垂直层面裂隙发育以及周边采动是造成巷道变形大的主要原因。程文东运用相似材料模拟实验和FLAC3D数值计算程序,分析倾角厚煤层走向长壁综放采场围岩活动规律,总结其规律有:沿走向,煤岩垮落分4个阶段,即顶煤初次冒落阶段、顶煤大面积垮落阶段、直接顶垮落阶段和基本顶垮落阶段;沿倾向,工作面中上部区段的矿山压力大,下部小,煤岩垮落也是上多下少。杨秉权分析了大倾角综放开采顶板活动规律和顶板来压显现特征,认为由于倾角的存在,工作面采空区上部矸石会在重力的作用下滚落至工作面下部,导致中上部的矿压显现大于下部,且周期来压步距中部大于上部,下部大于中部。薛成春针对大倾角厚煤层高应力区工作面强矿震事件频发的问题,建立了倾斜悬顶结构力学模型,理论分析了工作面顶板能量分布特征,确定了工作面下部端头、中上部为悬顶弯曲变形能积聚程度高的2个重点区域,大倾角厚煤层顶板能量积聚于工作面下部端头、中上部区域,底板能量积聚于工作面下部端头区,能量积聚区域呈明显不对称分布。针对大倾角松软煤层巷道变形特征,闫少宏通过建立薄板模型,并对其破坏进行弹性临界计算,得出了软岩底板产生滑移破坏的机理;陈洋等通过室内实验、理论分析及现场窥探,分析两帮变形严重的原因。房耀洲为分析煤层倾角对沿空留巷支护体稳定性的影响,建立相关力学模型,得出巷旁所需的支护阻力随着煤层倾角的增大而增大,且底板受煤层倾角的影响较大。伍永平通过对大倾角煤层开采理论的研究,总结了大倾角煤层开采的矿压规律,并提出"R-S-F"系统动力学控制基础理论,奠定了大倾角煤层开采的理论基础。辛亚军分析了大倾角煤层软岩回采巷道失稳特征,得出巷道支护后,沿煤层倾向围岩塑性破坏区较小,顶板离层量保持在合理范围内,提高两帮支护强度利于巷道围岩稳定。袁永通过大倾角厚煤层工作面矿压规律研究,指出在大倾角厚煤层综放开采过程中,工作面中、下部支架的工作阻力大于上部支架的工作阻力。罗生虎系统研究了充填矸石非均衡约束条件下顶板的非对称变形破坏特征及其倾角效应,表明在大倾角煤层开采中,煤层倾角的变化不仅会改变顶板的受载特征,亦会改变其对应的边界条件,且较前者而言,后者对顶板非对称变形破坏特征的影响更为显著,且顶板的最大变形位置由倾向中部区域向倾向上部区域迁移,顶板的最大弯矩位置由倾向下侧区段煤柱→倾向上侧区段煤柱→倾向中上部区域迁移。蔡瑞春通过现场矿压观测表明,大倾角工作面来压有一定的时序性,即中部先来压,然后依次向上、下部发展。研究得出工作面上、下两侧煤柱支承压力塑性区受煤层倾角影响较大,煤层倾角越大,其对塑性区范围差异性影响越大。

特厚煤层大采高综放开采过程中采高大、放煤高度大,因此支架围岩关系的研究对于控制放煤过程中稳定性有重要意义。对特厚煤层坚硬煤层综放开采,提高坚硬顶煤的冒放性及瓦斯综合治理是关键问题,同时坚硬条件下支架选型及工作阻力的选定可以辅助破煤,有助于顶煤回收。大采高综放工作面具有较明显的来压现象,并具有一定的瞬时冲击载荷特征,支承压力影响范围较大。特厚煤层综放工作面岩层运动与支架关系,放顶煤工作面基本载荷来源于厚度大于 10 m 的顶煤、厚度为 30 m 的下位直接顶以及部分厚度为 20 m 的上位直接顶,而冲击载荷主要来源于老顶在工作面前方断裂并下降的冲击,支架选型方向为支架基本支撑能力能够承担顶煤和部分直接顶的作用力,通过缩小支架控顶距、加大支架可缩量等措施,可以减小冲击对支架的影响,提高支架工作的稳定性。特厚煤层开采过程中采放比、放煤步距、顶煤块度等方面对顶煤垮落有重要的影响。采高对顶煤冒放性的影响,随着采高的增加,煤岩分界线的稳定程度降低,冒落影响范围大,造成煤岩分界线紊乱,成拱次数增加,不利于顶煤回收。宋平通过对唐山矿大倾角厚煤层开采过程中遇到的技术难题进行分析,提出了大倾角厚煤层错层位综放开采这一新技术,该技术采用立体化巷道布置方式,通过起坡段将工作面角度减小,解决工作面设备防倒防滑难题。柳研青建立 UDEC 二维模型,分析不同煤层倾角条件下上覆岩层的运移规律。结果表明,大倾角工作面上部区域顶板比下部更易断裂,且倾角越大现象越明显。上覆岩层下沉量随岩层倾角增大而逐渐减小,煤层倾角大于 40°后发生突变,上覆岩层下沉曲线由 V 形变为 U 形,采空区中部区域上覆岩层下沉量迅速减小。

以上研究工作更多地是针对缓倾斜近水平煤层,而对大倾角煤层特别是大倾角松软厚煤层的放顶开采研究工作却进行得相对较少。因此,对影响因素多、物理过程复杂的大倾角松软厚煤层综放开采的关键技术,尤其是支架适应性、矿山压力显现规律、围岩控制、顶煤运移规律、采煤工艺优化及回采率提高等问题,有必要进行进一步的深入研究,这不仅具有重要的理论价值,而且我国的能源战略、煤炭行业可持续发展、大倾角煤层绿色安全高效生产具有良好的经济效益和社会效益。

1.3 研究内容与技术路线

1.3.1 研究内容

（1）综放工作面煤层及顶底板岩层物理力学指标实验室测定

对 9#煤层及其顶、底板钻芯取样,进行物理力学参数实验室测试,为理论分析、相似模拟和数值计算提供基础数据。

（2）综放开采顶煤运移规律研究

采用数值模拟软件建立顶煤运移数值计算模型,并结合现场深基点顶煤位移计实测数据,分析研究不同放煤步距和放煤方式下的煤矸流场特征。

（3）综放开采顶煤冒放性分析及评价

分别从开采深度、煤层厚度、煤层强度、煤层夹矸、顶板、顶煤中节理与裂隙等方面分析评价顶煤冒放性,提出提高顶板冒放性的措施和建议。

（4）综放开采矿压显现规律研究

根据现场地质条件进行相似模拟试验,研究大倾角条件下上覆岩层的变形和破坏、运动过程和支承压力分布规律,并结合现场工作面的矿压观测数据分析,获取9#大倾角松软厚煤层放顶煤工作面的矿压显现规律和一系列矿压参数。

(5)综放开采提高回采率技术研究

对9#煤层顶煤运移规律和冒放性研究,基于工作面回采工艺参数的实测数据,分析计算不同工艺下的回采率和贫化率,研究提高回采率、降低贫化率的技术措施,优化放煤工艺,制订分区域放煤技术,提高综放工作面的循环产量和放煤效率。

(6)综放开采安全技术措施研究

建立大倾角松软煤层综放工作面支架力学模型,分析影响支架稳定性的因素,确定支架控制原则,提出支架选型、支架和煤壁稳定性控制技术,针对支架下滑、倒架、咬架等问题提出控制措施。

(7)综放工作面不同坡度情况下放煤工艺研究

利用理论分析,分析"支架-顶煤-顶板"结构稳定性与相互影响关系,利用PFC数值模拟,确定不同工作面倾角条件下放煤方式、放煤步距,优化放煤工艺。

1.3.2 技术路线

基于庞庞塔煤矿9#煤层综放开采自然地质条件,综合实验室测试、理论分析计算、数值模拟计算、相似材料模拟和现场探测的研究方法开展项目研究,项目研究技术路线如图1-1所示。

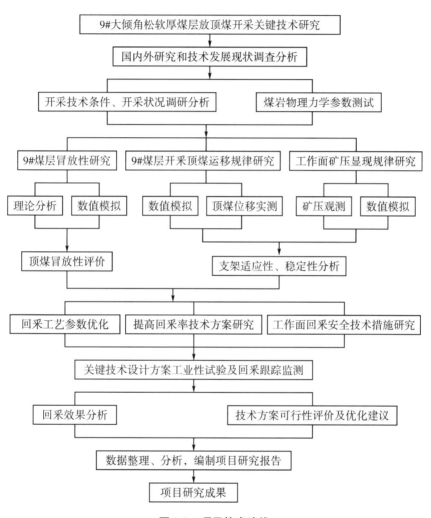

图 1-1 项目技术路线

2 工程概况与地质力学评价

2.1 矿井概况

2.1.1 交通位置

庞庞塔煤矿位于山西省临县县城以东城庄镇程家塔村—木瓜坪乡杨家崖村—玉坪乡永丰村一带,行政区划属临县城庄镇、木瓜坪乡、玉坪乡管辖,井田地理坐标北纬 37°55′54″—38°00′46″,东经 111°07′41″—111°09′16″,其地理位置如图 2-1 所示。

2.1.2 含煤地层

井田内含煤地层为太原组和山西组。含煤地层平均厚 152.35 m,共含煤 9 层(1、2、3、5$_\text{上}$、5、6、7、9、10),煤层平均总厚 18.72 m,含煤系数 12.29%。其中太原组平均厚 89.85 m,含煤 4 层,煤层平均总厚 11.03 m,含煤系数为 12.28%;山西组平均厚度为 62.50 m,含煤 4 层,煤层平均厚度为 7.69 m,含煤系数为 12.30%。

1)太原组(C$_3$t):太原组含煤 4 层,分别为 6、7、9、10#煤层,其中 9#煤层位于太原组中下部,全井田稳定可采,6、7、10#煤均属不可采煤层。

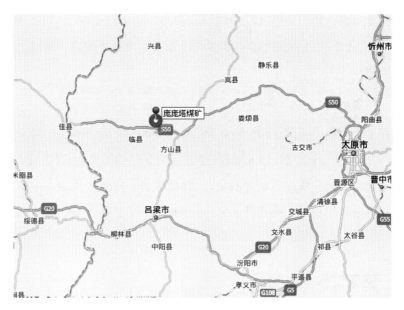

图 2-1　庞庞塔煤矿位置图

2）山西组（P_1s）：山西组含煤 5 层，分别为 1、2、3、$5_上$、5#煤层。其中 5#煤层为主要可采煤层，位于山西组下部，在井田内 5#煤有分叉现象，分叉后上分层编为 $5_上$#煤层，分叉区 $5_上$#煤层为全部可采煤层，1、2、3#煤属不可采煤层，井田内 3#煤层有零星可采点。

2.1.3　可采煤层

（1）$5_上$#煤层

位于山西组下部，属 5#煤之上分层，在井田内大部分与 5#煤分叉，在井田西部、东北角及南部与 5#煤合并为一层，分叉区煤厚 1.85 ~ 2.64 m，平均 2.21 m，结构简单，分叉区与 5#煤间距 0.70 ~ 2.17 m，平均 1.48 m，顶板多为泥岩或砂质泥岩，底板均为泥岩。分叉区 $5_上$#煤层为全部可采煤层。

（2）5#煤层

赋存于山西组下部，在井田内大部分与 $5_上$#煤层分叉，在井田西部、东北角及南部与5上#煤合并为一层,煤层厚2.50~7.57 m,平均4.06 m,属厚煤层。煤层结构简单,含0~2层夹矸,煤层顶底板均为泥岩及砂质泥岩。本层为全井田稳定可采煤层。

(3)9#煤层

赋存于太原组中下部,上距5#煤层39.71~60.29 m,平均51.64 m。煤层厚9.10~13.07 m,平均11.13 m,属特厚煤层。煤层结构复杂,含夹矸0~3层,岩性多为炭质泥岩。煤层顶板为石灰岩、钙质泥岩。底板为泥岩。本层为全井田稳定的可采煤层。井田南部P105号孔9#煤层厚仅有0.60 m,推测为冲刷所致。

2.1.4 回采工作面概况

矿井目前开采9-301工作面,主采9#煤层,平均埋深460 m,煤层厚度11.8 m,放顶煤开采,机采高度3.2 m,放煤厚度8.6 m,一采一放,割煤步距0.8 m。煤层倾角20°。工作面位置及井上下关系见表2-1。工作面布置见表2-2、图2-2,工作面煤层顶板情况见表2-3。

表2-1 工作面位置及井上下关系

<table>
<tr><td colspan="2">水平名称</td><td>+910</td><td>采区名称</td><td>9#煤层采区</td><td>工作面名称</td><td>9-301</td></tr>
<tr><td rowspan="7">概况</td><td>煤层名称</td><td>9#</td><td>地面标高/m</td><td>+1 156~
+1 313 m</td><td>工作面标高/m</td><td>+703~+851</td></tr>
<tr><td>盖山厚度/m</td><td>320~500 m</td><td>黄土层厚度/m</td><td>35~150 m</td><td>基岩厚度/m</td><td>225~430 m</td></tr>
<tr><td>地面位置</td><td colspan="5">9-301工作面对应地表范围内北部为煤场及保安煤柱,中部为104省道连接的庞庞塔沟内公路、庞庞塔沟内季节性河流,且庞庞塔村内公路北面部分陡坎较陡,东部为实体煤,对应地表范围内有一趟供电线路(供前长乐及柏洼沟石料厂,已断开不再使用)及两趟通信线路(移动、联通各一趟)</td></tr>
<tr><td>井下位置及四邻采掘情况</td><td colspan="5">工作面北部为西区暗斜井系统,南部为井田边界,西部为正在施工的9-101工作面,东部为实体煤,上部为5#煤5上-108、5-101采空区</td></tr>
</table>

表 2-2 9-301 工作面巷道布置

9-3011 巷	正巷为矩形断面,巷道毛宽 5.2 m,净宽 5.0 m,巷中毛高 3.6 m,净高 3.5 m。采用锚网梁+单体锚索支护,顶部选用 ϕ22 mm×2 500 mm 左旋螺纹钢高强锚杆,帮部选用 ϕ20 mm×2 000 mm 左旋螺纹钢高强锚杆,锚杆间距 800 mm、排距 800 mm;顶部每 2.4 m 布置一组 ϕ21.8 mm×12.3m 锚索,一组三根。用途:运煤、主巷进出设备材料、通风、行人
9-3012 巷	副巷为矩形断面,巷道毛宽 4.5 m,净宽 4.3 m,巷中毛高 3.4 m,净高 3.3 m。采用锚网梁+锚索支护,顶部选用 ϕ22 mm×2 500 mm 左旋螺纹钢高强锚杆,帮部选用 ϕ20 mm×2 000 mm 左旋螺纹钢高强锚杆,锚杆间距 800 mm、排距 800 mm;顶部每 3.2 m 布置一组 ϕ21.8 mm×12.3 m 锚索,一组三根。用途:进出设备材料、通风、行人
切巷	切巷为矩形断面,巷道毛宽 8.2 m,净宽 8.0 m,毛高 3.4 m,净高 3.3 m。采用锚网梁+锚索支护,顶部选用 ϕ22 mm×2 500 mm 左旋螺纹钢高强锚杆,帮部选用 ϕ20 mm×2 000 mm 左旋螺纹钢高强锚杆,锚杆间排距 800 mm×800 mm;顶部为桁架锚索、槽钢锚索+单体锚索交替布置,桁架锚索长度为 10.5 m,每排两组,排距为 1.6 m,槽钢锚索+单体锚索排距为 1.6 m,每排由两根单体锚索及一组槽钢锚索组成,锚索长度 9.3 m
煤柱	工作面北部为西区暗斜井系统,南部为井田边界,西部为正在施工顺槽巷道的 9-101 工作面,东部为实体煤

表 2-3 9-301 工作面顶底板情况

	顶板名称	岩石名称	厚度/m	岩性特征
煤层顶底板	老 顶	砂质泥岩	6 ~ 9	灰黑色砂质泥岩,薄层状,夹粉砂岩条带,半坚硬,含植物碎屑化石
	直接顶	泥质灰岩	5 ~ 7	灰色,性脆,钙质不均,不规则裂隙及斜交裂隙发育,大部分充填方解石,含贝壳等动物化石;分布不均,夹泥灰岩薄层
	伪 顶	炭质泥岩	0.1 ~ 1	黑色碳质泥岩、加亮型条带,比重小、半坚硬,性脆,中部夹有少量黑色、半亮型煤
	直接底	泥岩	1 ~ 2	灰色泥岩,含铝质,具滑面,有滑感,块状
	老 底	细粒砂岩	1 ~ 3	灰色细粒砂岩,中厚层状,石英、岩屑为主,分选中等,泥质等胶结,坚硬及半坚硬,脉状层理,斜交裂隙发育,未充填
	顶板裂隙发育程度低,底板遇水无膨胀软化现象			

图 2-2　9-301 工作面巷道布置

2.2　煤岩物理力学参数测试

2.2.1　测试内容与依据

项目针对庞庞塔煤矿 9#煤层及其顶底板进行物理力学参数,具体测试内容包括:真密度、视密度、坚固性系数、含水率、抗压强度、抗拉强度、抗剪强度、弹性模量、泊松比、内聚力和内摩擦角。各参数的测试依据如下:

①中华人民共和国国家标准《煤和岩石物理力学性质测定方法第 1 部分:采样一般规定》(GB/T 23561.1—2009)。

②中华人民共和国国家标准《煤和岩石物理力学性质测定方法第 2 部分:煤和岩石真密度测定方法》(GB/T 23561.2—2009)。

③中华人民共和国国家标准《煤和岩石物理力学性质测定方法第 3 部分:煤和岩石块体密度测定方法》(GB/T 23561.3—2009)。

④中华人民共和国国家标准《煤和岩石物理力学性质测定方法第 4 部分:煤和岩石孔隙率计算方法》(GB/T 23561.4—2009)。

⑤中华人民共和国国家标准《煤和岩石物理力学性质测定方法第 6 部分:煤和岩石含水率测定方法》(GB/T 23561.6—2009)。

⑥中华人民共和国国家标准《煤和岩石物理力学性质测定方法第 7 部分:单轴抗压强度测定及软化系数计算方法》(GB/T 23561.7—2009)。

⑦中华人民共和国国家标准《煤和岩石物理力学性质测定方法第 8 部分:

煤和岩石变形参数测定方法》（GB/T 23561.8—2009）。

⑧中华人民共和国国家标准《煤和岩石物理力学性质测定方法第10部分：煤和岩石单轴抗拉强度测定方法》（GB/T 23561.10—2010）。

⑨中华人民共和国国家标准《煤和岩石物理力学性质测定方法第11部分：煤和岩石抗剪强度测定方法》（GB/T 23561.11—2010）。

⑩中华人民共和国国家标准《煤和岩石物理力学性质测定方法第12部分：煤的坚固性系数测定方法》（GB/T 23561.12—2010）。

2.2.2　煤岩物理参数测试结果

本项目测试的煤岩物理指标包括：真密度、天然视密度、天然含水率和煤坚固性系数。

（1）煤岩真密度指标测定

煤岩真密度指标测定采用国家标准 GB/T 23561.2—2009，测试过程如图 2-3 所示，测定结果见表 2-4。

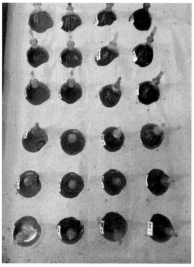

图 2-3　真密度测试过程

表 2-4　煤岩真密度测定结果

岩石名称	序号	试样质量 M/g	瓶+满水合重 M_2/g	瓶+样+满水合重 M_1/g	试样真密度 /(kg·m^{-3})	平均真密度 /(kg·m^{-3})
顶板（灰岩）	1	15.23	137.7	147.84	2 992	2 988
	2	15.05	137.64	147.65	2 986	
	3	15.19	138.84	148.94	2 984	
煤	1	15.07	138.37	142.83	1 420	1 420
	2	15.13	141.05	145.51	1 418	
	3	15.09	138.91	143.39	1 422	
底板（泥岩）	1	15.22	140.6	150.55	2 888	2 923
	2	15.08	137.07	147.06	2 963	
	3	15.09	142.53	152.45	2 919	

（2）煤岩天然视密度指标测定

煤岩天然视密度指标测定采用国家标准 GB/T 23561.3—2009,测定结果见表 2-5。

表 2-5　煤岩天然视密度测定结果

岩石名称	序号	试件尺寸		试件重量 G /g	天然视密度 /(kg·m^{-3})	平均天然视密度 /(kg·m^{-3})
		直径/cm	高/cm			
顶板（灰岩）	1	4.83	10.12	514.82	2 777	2 786
	2	4.85	10.12	522.72	2 800	
	3	4.83	10.11	514.85	2 780	
煤	1	4.85	10.18	210.25	1 120	1 121
	2	4.85	10.16	210.01	1 121	
	3	4.84	10.17	210.21	1 123	
底板（泥岩）	1	4.96	10.23	525.14	2 655	2 665
	2	4.96	10.23	528.88	2 679	
	3	4.94	10.20	520.01	2 661	

（3）煤岩天然含水率指标测定

煤岩天然含水率指标测定采用国家标准 GB/T 23561.6—2009，测试过程如图 2-4 所示，测定结果见表 2-6。

图 2-4　煤岩含水率测试过程

表 2-6　煤岩天然含水率测定结果

岩石名称	序号	天然试件重量/g	烘干后重量/g	含水率/%	平均含水率/%
顶板（灰岩）	1	50.03	49.53	1.01	0.97
	2	50.47	49.99	0.96	
	3	50.42	49.95	0.94	
煤	1	50.52	48.13	4.97	4.68
	2	50.9	48.79	4.32	
	3	50.26	47.98	4.75	
底板（泥岩）	1	50.21	50.04	0.34	0.35
	2	50.3	50.14	0.32	
	3	50.29	50.1	0.38	

（4）煤坚固性系数测定

煤坚固性系数测定采用国家标准 GB/T 23561.12—2010，测定结果见表 2-7。

表 2-7　煤坚固性系数测试结果

名称	试样编号	冲击次数/次	计量筒读数/mm	坚固性系数 f	f 的平均值
煤	1	3	54	1.11	
	2	3	55	1.09	1.16
	3	3	47	1.27	

2.2.3　煤岩力学参数测试

岩心在现场钻取后,随即贴上标签,用透明保鲜袋包好以防风化,之后装箱,托运到实验室,经切割、打磨、干燥制成标准的岩石试样,岩样制作过程如图 2-5 所示。

（a）　　　　　　　　　　　　　（b）

图 2-5　标准岩样制作过程

（a）切割;（b）试件

根据研究需要,每种煤岩样制作 3 个 50 mm×100 mm 的标准单轴压缩试验试件、3 个 50 mm×25 mm 的标准劈裂拉伸试验试件和 8 个 50 mm×50 mm 的标准抗剪强度试验试件。

（1）煤岩单向抗压强度测定

煤岩单向抗压强度测定采用国家标准 GB/T 23561.7—2009,测试过程如图 2-6 所示,测定结果见表 2-8。

图 2-6 抗压强度测试过程

表 2-8 煤岩单向抗压强度测定结果

岩石名称	序号	试件尺寸		破坏载荷/kN	单向抗压强度/MPa	平均抗压强度/MPa
		直径/cm	高/cm			
顶板（灰岩）	1	4.96	10.23	140.80	72.91	76.02
	2	4.97	10.22	149.22	76.83	
	3	4.94	10.19	149.80	78.32	
煤	1	4.85	10.16	4.70	2.55	2.72
	2	4.85	10.17	4.70	2.55	
	3	4.84	10.17	5.62	3.06	
底板（泥岩）	1	4.85	10.11	111.90	60.55	61.12
	2	4.84	10.12	112.90	61.32	
	3	4.84	10.10	113.10	61.48	

（2）煤岩单向抗拉强度测定

煤岩单向抗拉强度测定采用国家标准 GB/T 23561.10—2010,测试过程如

图 2-7 所示,测定结果见表 2-9。

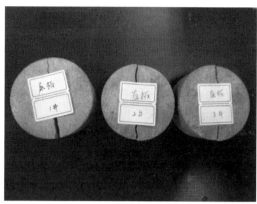

图 2-7　抗拉强度测试过程

表 2-9　煤岩单向抗拉强度测定结果

岩石名称	序号	试件尺寸		破坏载荷/kN	单向抗拉强度/MPa	平均单向抗拉强度/MPa
		直径/cm	厚度/cm			
顶板（灰岩）	1	4.854	2.398	10.1	5.52	5.10
	2	4.827	2.414	10.16	5.41	
	3	4.857	2.541	8.02	4.35	
煤	1	4.92	2.48	1.10	0.57	0.57
	2	4.89	2.47	1.02	0.54	
	3	4.94	2.50	1.18	0.61	
底板（泥岩）	1	4.853	2.487	6.14	3.24	3.26
	2	4.887	2.468	5.74	3.07	
	3	4.944	2.494	6.64	3.47	

（3）煤岩弹性模量、泊松比测定

煤岩弹性模量、泊松比测定采用国家标准 GB/T 23561.8—2009,测定结果见表 2-10。

表 2-10　煤岩弹性模量、泊松比测定结果

岩石名称	序号	试件尺寸		破坏载荷/kN	弹性模量/MPa	泊松比	平均弹性模量/MPa	平均泊松比
		直径/cm	高/cm					
顶板（灰岩）	1	4.96	10.23	140.8	11 563	0.22	11 279	0.23
	2	4.97	10.22	149.22	10 693	0.23		
	3	4.94	10.19	148.88	11 582	0.23		
煤	1	4.85	10.16	4.70	1 793	0.32	3 865	0.33
	2	4.85	10.17	4.70	1 940	0.33		
	3	4.84	10.17	5.62	1 863	0.33		
底板（泥岩）	1	4.85	10.11	111.90	8 107	0.29	8 179	0.29
	2	4.84	10.12	112.90	8 261	0.28		
	3	4.84	10.10	113.10	8 168	0.30		

（4）煤岩剪切强度、凝聚力、内摩擦角测定

煤岩剪切强度测定采用国家标准 GB/T 23561.11—2010,利用绘制的煤岩抗剪强度曲线求得煤岩的凝聚力 C 和内摩擦角 φ。测试过程与剪切曲线如图2-8、图2-9 所示,测定结果见表 2-11。

图 2-8　试样剪切破坏前后

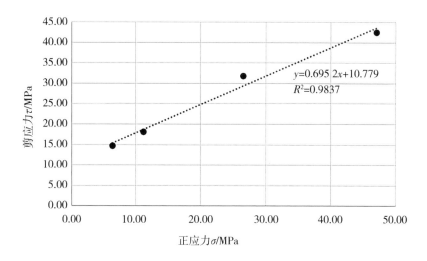

$$y=0.695\ 2x+10.779$$
$$R^2=0.9837$$

图 2-9　煤岩剪切强度曲线

表 2-11　煤岩剪切强度、内聚力和内摩擦角测定结果

岩石名称	序号	试件尺寸		剪切角度/(°)	剪断破坏载荷/kN	剪应力/MPa	内聚力/MPa	内摩擦角/(°)
		直径/cm	高/cm					
顶板（灰岩）	1	4.84	4.96	42	210.20	58.53	23.26	29
	2	4.84	4.93		208.90	58.53		
	3	4.88	4.92	50	124.70	39.82		
	4	4.87	4.88		121.0	39.00		
	5	4.95	4.89	66	71.87	27.16		
	6	4.95	5.01		74.86	27.55		
	7	4.95	4.93	58	130.10	45.23		
	8	4.97	5.06		128.00	43.16		

岩石名称	序号	试件尺寸		剪切角度/(°)	剪断破坏载荷/kN	剪应力/MPa	内聚力/MPa	内摩擦角/(°)
		直径/cm	高/cm					
煤	1	4.85	4.81	42	42.29	12.15	3.35	35
	2	4.85	4.92		46.72	13.10		
	3	4.85	4.86	50	32.23	10.47		
	4	4.86	4.82		37.21	12.19		
	5	4.85	5.12	58	14.78	5.05		
	6	4.90	4.95		12.66	4.42		
	7	4.93	5.11	66	13.79	5.00		
	8	4.91	5.02		14.70	5.44		
底板（泥岩）	1	4.97	4.91	42	143.30	39.29	10.78	34
	2	4.95	5.01		168.20	45.38		
	3	4.97	5.08	50	97.70	29.64		
	4	4.95	4.95		108.00	33.74		
	5	4.92	4.82	58	29.85	10.68		
	6	4.94	5.04		74.35	25.33		
	7	4.94	5.04	66	46.94	17.23		
	8	4.95	4.97		32.22	11.97		

测试结果汇总见表 2-12。

表 2-12　煤岩物理力学性质指标测定综合结果表

岩石名称	真密度/(kg·m⁻³)	天然视密度/(kg·m⁻³)	天然含水率/%	孔隙率/%	坚固性系数	抗拉强度/MPa	抗压强度/MPa	弹性模量/MPa	泊松比	内凝聚力/MPa	内摩擦角/(°)
顶板（灰岩）	2 988	2 592	0.97	13.25	*	5.10	76.02	11 279	0.23	23.26	29
煤	1 420	1 121	4.68	21.06	1.16	0.57	2.72	3 865	0.33	3.35	35
底板（泥岩）	2 923	2 665	0.35	8.83	*	3.26	61.12	8 179	0.29	10.78	34

2.3 区域构造与应力特征

2.3.1 区域构造

河东煤田位于华北地块之次级构造单元河东块凹之中,块凹与吕梁块隆以南北向坳隆为特征。从地质力学观点看,本煤田为祁吕贺山字型构造之脊柱东侧盾地与东翼内带之间一沉积煤盆地,属鄂尔多斯盆地东部边缘,大区构造应属山字型构造的一部分,本山字型构造位于阴山—天山构造带与秦岭—昆仑纬向构造带之间,反射距在1 000 km以上。其弧形褶皱带由祁连山、吕梁山、恒山及汾渭地堑组成。前弧向南突出,弧顶在宝鸡附近,有燕山期花岗岩侵入体。脊柱在贺兰山,两侧分别为阿宁和伊陕盾地。二者为相对稳定的沉积盆地,盆内产状平缓。由于受多种构造体系的影响,形态十分复杂,两翼明显不对称,其中东翼以北北东向的新华夏系构造为主。

河东煤田主要处在黄河以东—吕梁山西坡南北向构造带上,该构造带属于李四光指出的"黄河两岸南北向构造带"。煤田在总体上是一个基本向西倾斜构造,属于吕梁复背斜西翼的一部分。在单斜上又发育有次级的褶曲和经向或新华夏系的断裂构造,新华夏系断裂构造主要发育在煤田东缘以外,煤田北部和南部次级褶曲一般幅度不大,表现不明显,以单斜为主导构造,东缘发育断裂带。而在煤田中部的离柳矿区,产生幅度较大的宽缓褶曲,成为矿区的控制性构造,褶曲自东而西为离石—中阳向斜、王家会背斜、三交—柳林单斜,其间伴生有炭窑沟、朱家店、湍水头等较大断层。王家会背斜由于隆起部位遭受长期剥蚀,其上煤系地层荡然无存,再加上该背斜以北的湍水头断层的影响,致使煤田连续性遭到严重破坏,分离出离石煤产地。

作用于离柳矿区的东西向构造应力很不均衡,因而产生了离石鼻状构造,即以离石—聚财塔的东西方向为转折线(鼻轴),形成一个弧顶向西突出的弧状褶皱,这个弧状褶皱在三交、柳林区表现明显;在鼻轴以北,地层走向由北东而北北东以至南北,鼻轴以南地层走向由北西而北北西以至南北。恰在鼻轴部位由于张力的作用,产生了一个东西向的张性断裂带,即聚财塔断层带组成的地堑构造,断层断距 200 ~ 250 m。在离石煤产地,沿鼻轴方向离石—中阳向斜轴也明显变成向西突出的弧形。

离柳矿区以北和以南,构造应力较为强烈,表现为大的断裂发育,汉高山断层带和紫荆山断层带分别为其代表,二者均系逆冲断层,同时还有与之平行的一些断层如湍水头断层、青山垣断层,形成了煤田边缘断裂带,断层附近地层倾角明显变陡,煤系地层出露范围变窄,也就是说煤层的浅埋区相应变小。

相对来说,离柳矿区构造应力较弱,因而与其以北和以南的构造状态不同处是以宽缓的褶皱为主,保存了向斜状的离石煤产地和三交—柳林缓倾斜的单斜含煤区。

2.3.2 应力场特征

天地科技股份有限公司于 2012 年对庞庞塔煤矿进行了地应力测试,根据地应力现场测量地点选择原则和现场的实际情况,庞庞塔煤矿地应力现场测量地点选择在 10#煤层的顶板中。总计选取 3 个测试点,具体的测试位置与埋深见表 2-13,测试结果见表 2-14。由测试结果可知,庞庞塔煤矿地应力场以水平构造应力为主。

拟合 10#煤层的顶板中地应力测试结果与埋深的线性关系(图 2-10、图 2-11),推算 9#煤层地应力分布情况。取 9#煤层平均埋深为 460 m,得到 9#煤层最大主应力为 23.5 MPa,垂直应力为 17.9 MPa。

表 2-13 庞庞塔煤矿地应力测量点情况

编号	测试地点	巷道跨度(实测)/m	埋深/m	巷帮岩性
1	750 胶带大巷二联巷	4.0	380	石灰岩
2	750 胶带大巷机尾绕道	3.8	372	石灰岩
3	702 泄水巷巷口	4.1	405	石灰岩

表 2-14　庞庞塔煤矿地应力测量计算结果汇总表

编号	测点位置	主应力类别	主应力值/MPa	方位角/(°)	倾角/(°)
1	750 胶带大巷二联巷	最大主应力 σ_1	15.66	100.36	10.41
		中间主应力 σ_2	10.95	338.16	72.72
		最小主应力 σ_3	10.79	190.80	13.67
2	750 胶带大巷机尾绕道	最大主应力 σ_1	14.13	109.11	16.16
		中间主应力 σ_2	10.53	21.68	−8.79
		最小主应力 σ_3	9.38	139.18	−71.48
3	702 泄水巷巷口	最大主应力 σ_1	17.73	96.96	−3.88
		中间主应力 σ_2	12.69	10.72	83.87
		最小主应力 σ_3	10.92	182.94	45.86

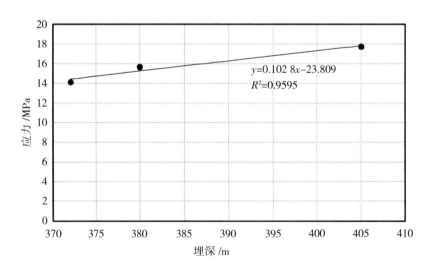

图 2-10　最大主应力与埋深的拟合曲线

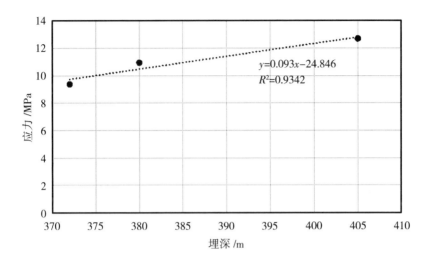

$$y=0.093x-24.846$$
$$R^2=0.9342$$

图 2-11 垂直应力与埋深的拟合曲线

3 大倾角综放开采顶煤冒放性评价与运移规律研究

3.1 大倾角综放开采顶煤冒放性评价

3.1.1 影响顶煤冒放性的因素及其评价函数

众多学者对影响顶煤冒放性的因素进行了大量研究,并根据相关文献总结提出了急倾斜煤层巷道放顶煤开采顶煤可放性的影响因素如图3-1所示。

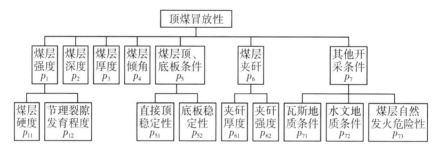

图 3-1 急倾斜煤层巷道放顶煤开采顶煤可放性的影响因素

(1)煤层强度

煤层强度受控于煤层硬度和节理裂隙发育程度,它们的共同作用影响着顶煤的可放性,煤层硬度对顶煤可放性有着重要影响。一般在煤的硬度系数 $f \leqslant 2$ 情况下,利用矿山压力的作用可以自行碎落;对于 $2 < f \leqslant 3$ 的煤层,需采取打眼放炮、煤层注水等辅助措施;对于 $f > 3$ 的煤层,一般不宜采用放顶煤开采。在缓倾斜煤层放顶煤时,如果煤的硬度小,即普代系数 $f < 0.6 \sim 0.8$,那么煤壁容易片帮,并且由于煤壁支承压力的影响,引起架前冒顶,给工作面顶板管理带来很大困难。一般情况下,对缓倾斜煤层,$f = 0.8 \sim 2.0$ 时,放顶煤效果较好。然而,在急倾斜煤层中,对软煤却是有利的,当 $f = 0.3 \sim 1.0$ 时,放顶煤效果很好。一般煤层中不同程度地含有层理、节理、裂隙,这些弱面和结构面在很大程度上削弱了煤层的完整性,降低了煤层的强度,对放顶煤是有利的。煤层节理裂隙发育,放顶煤效果好;煤层节理裂隙不发育,则不利于顶煤的放落。煤层硬度的评价函数为:

$$\mu(p_{11}) = \begin{cases} 5p_{11} + 3.5 & (p_{11} < 0.3) \\ 5 & (0.3 \leqslant p_{11} < 1.0) \\ 7 - 2p_{11} & (1.0 \leqslant p_{11} < 2.0) \\ 9 - 3p_{11} & (2.0 \leqslant p_{11} < 3.0) \\ 0 & (p_{11} \geqslant 3.0) \end{cases} \qquad (3\text{-}1)$$

式中:p_{11}——煤的硬度系数。

煤层节理裂隙发育程度属于定性因素,采用分类方式进行评价,其类别划分及评价值见表 3-1。

表 3-1　定性因素的类别划分及评价值

类　别	1	2	3	4
煤层节理裂隙发育程度	发育	中等发育	不发育	很不发育
煤层顶板(底板)稳定性	稳定	中等稳定	不稳定	很不稳定
瓦斯地质条件	高瓦斯	低瓦斯	瓦斯涌出	煤与瓦斯突出
水文地质条件	潮湿	中等潮湿	不潮湿	干燥
煤层自然发火危险	不自燃	不易自燃	易自燃	很易自燃
评价值	5.0	3.5	2.0	0.5

（2）开采深度

在开采深度较大的工作面，并在矿山压力的作用下，顶煤容易破碎，利于顶煤的放出。而在开采深度较小的工作面，矿山压力对顶煤的影响不大。开采深度的评价函数为：

$$\mu(p_2) = \begin{cases} 0(p_2 < 100) \\ 0.012p_2 - 1.25 \\ 5(p_2 \geqslant 500) \end{cases} \qquad (3-2)$$

式中：p_2——工作面的开采深度，单位为 m。

（3）煤层厚度

急倾斜煤层放顶煤不同于水平分段放顶煤。对于后者，煤层厚度越大，放顶煤效果越好。但对于前者，要求煤层厚度适宜。如厚度过小，有可能导致直接顶超前破碎，与顶煤一起放出，这样不仅煤质受影响，而且造成顶煤大量丢失；厚度过大，靠近底板的顶煤难以得到充分松动，也难于放落，因而影响顶煤的回收率。煤层厚度的评价函数为：

$$\mu(p_3) = \begin{cases} 0(p_3 < 2) \\ 2.5p_3 - 5 \\ 5(4 \leqslant p_3 < 6) \\ 12.5 - 1.25p_3(6 \leqslant p_3 < 10) \\ 0(p_3 \geqslant 3.0) \end{cases} \qquad (3-3)$$

式中：p_3——煤层厚度，单位为 m。

（4）煤层倾角

当倾角较大时，煤体的重力容易大于其他各力的合力而使煤体垮落，有利于煤体的放出。但煤层倾角越大，顶板对煤层的压力越小。倾角为 90° 时，作用在垂直方向的力只有顶煤上方采空区的破碎煤矸的重力，反而导致煤层不易垮落。煤层倾角的评价函数为：

$$\mu(p_4) = \begin{cases} 0(p_4 < 40°) \\ 0.2p_4 - 8 \\ 5(65° \leqslant p_4 < 75°) \\ -\dfrac{1}{15}p_4 + 10(75° \leqslant p_4 \leqslant 90°) \end{cases} \quad (3\text{-}4)$$

式中：p_4——煤层倾角，单位为（°）。

（5）煤层顶、底板条件

煤层顶、底板条件对巷道放顶煤开采顶煤可放性的影响主要是直接顶稳定性和底板稳定性。直接顶破碎，将影响顶煤的回收和增加含矸率；直接顶稳定，悬露面积大，顶煤的可放性好。急倾斜煤层底板稳定性对巷道放顶煤开采的影响主要表现在，当底板不稳定时，由于底板的滑脱，将增加放煤的困难，降低煤质。煤层顶、底板条件的类别划分及评价值见表3-1。

（6）煤层夹矸

放顶煤生产实践表明，厚度在0.3 m以下的夹矸多呈片状和板状冒落，对顶煤的冒落和放出一般影响不大。但若夹矸厚度在0.4 m以上时，即使可冒，也多呈大块状体，容易堵塞放煤口。同时，厚层夹矸将大大增加放煤的含矸率。尤其当夹矸的强度较大时，这种影响更为明显。由此可见，夹矸的厚度和强度都对顶煤的可放性有影响，其评价函数分别为：

$$\mu(p_{61}) = \begin{cases} 5 - 20p_{61}(p_{61} < 0.05) \\ 6 - 40p_{61} \\ 0(p_{61} \leqslant 0.15) \end{cases} \quad (3\text{-}5)$$

$$\mu(p_{62}) = \begin{cases} 5(p_{62} < 15) \\ \dfrac{1}{7}(50 - p_{62})(15 < p_{62} < 50) \\ 0(p_{62} \geqslant 50) \end{cases} \quad (3\text{-}6)$$

式中：p_{61}——夹矸总厚度与煤层厚度的比值；

p_{62}——夹矸的抗压强度,单位为 MPa。

（7）其他开采条件

1）瓦斯地质条件:高瓦斯煤层被揭露后在煤层内部出现层裂现象已被实验所证明,同时也被现场工业性试验所检验,煤层瓦斯含量高对顶煤的破碎是有利的。

2）水文地质条件:煤层强度受其含水量的影响较大,含水越多,煤层强度越低,煤体越容易破碎,因而可放性越好。

3）煤层自然发火危险性:急倾斜煤层巷道放顶煤与缓倾斜综采放顶煤相比,由于其工作面的回采时间短,煤层自然发火的可能性相对较低。但由于采空区存在没有放完的余煤,因而仍然有自然发火的危险。其他开采条件的类别划分及评价值见表 3-1。

3.1.2　灰色-模糊评价模型

林亮等应用灰色决策方法中的灰色统计方法及模糊数学理论建立了急倾斜煤层顶煤可放性评价模型。

令 $V = \{V_1, V_2, V_3, V_4, V_5\} = \{好,较好,一般,较差,差\}$ 为评价灰类,对应 $V_1 \sim V_5$ 有图 3-2（a）~（e）表示的标准函数,图中 $f_k (k = 1, 2, \cdots, 5)$ 为评价值 $\mu(p_i)$（或 $\mu(p_{ij})$）属于第 k 类评价的值。以 $f_k(r_i)$ 表示待评价煤层块段的评价值 $\mu(p_i)$（或 $\mu(p_{ij})$）通过评价灰类的第 k 个标准函数查得的值,则煤层块段属于第 k 类评价的灰色统计数:

$$C_k = \sum_{i=1}^{m} f_k(r_i) a_i \tag{3-7}$$

式中:a_i—— 指标的权值,采用层次分析法,由专家和现场经验丰富的工程技术
人员综合确定;

m—— 指标数目。

煤层块段灰色统计数:

$$C = \sum_{k=1}^{5} C_k \tag{3-8}$$

煤层块段属于第 k 类评价的灰色数：

$$b_k = C_k / C \tag{3-9}$$

因此,待评价煤层块段从属于评价灰类 $V_1 \sim V_5$ 的权值向量：

$$B_0 = (b_1, b_2, b_3, b_4, b_5) \tag{3-10}$$

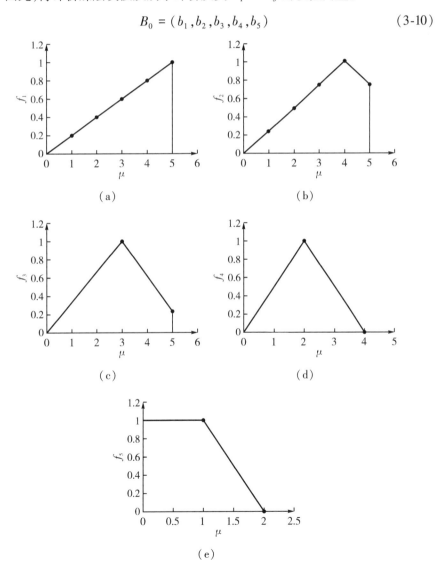

图 3-2 评价集的标准函数

上述模型可用于单层次的多因素评价。因为顶煤可放性评价的因素包括两个层次,因此必须进行多层次的模糊评价,其步骤:由灰色评价模型可得第 1 层次的评价结果 $B_{i1} = (b_{i1}, b_{i2}, b_{i3}, b_{i4}, b_{i5})(i = 1, 2, \cdots, 7)$;第 2 层次的评价值 $B = AB_1 = (b_1, b_2, b_3, b_4, b_5)$,其中,$A$ 为评价指标的权值向量;B_1 为由 B_{i1} 组成的矩阵。令 $b^* = b_j = \max\{b_1, b_2, b_3, b_4, b_5\}$,则被评价的煤层块段的顶煤可放性属于第 j 类。

应用此模型对采用放顶煤开采的急倾斜煤层的顶煤可放性进行计算,将计算结果与相应的放煤效果对比,可得如下结论:Ⅰ 类(可放性好)顶煤一般不采取措施即可顺利放出;Ⅱ 类(可放性较好)顶煤一般需采取松动爆破等措施也可放出;Ⅲ 类(可放性一般)顶煤需采取煤层注水、放震动炮等措施才能放出;Ⅳ 类(可放性较差)和 Ⅴ 类(可放性差)顶煤难于放出,不宜采用放顶煤开采。

3.1.3　评价结果

根据煤岩物理力学测试结果与现场实际情况,9-301 工作面顶煤冒放性计算与分析如下:

1)煤层强度 (p_1):9# 煤层硬度 $p_{11} = 1.16$,根据式(3-1)计算得到 $\mu(p_{11}) = 4.68$。

2)开采深度:9-301 工作面平均开采深度 $p_2 = 460$ m,根据式(3-2)计算得到 $\mu(p_2) = 4.5$。

3)煤层厚度:9-301 工作面煤层平均煤厚 $p_3 = 11.8$ m,根据式(3-3)计算得到 $\mu(p_3) = 0$。

4)煤层倾角:取 9# 煤层平均倾角 $p_4 = 20°$,根据式(3-4)计算得到 $\mu(p_4) = 0$。

5)煤层顶、底板条件 (p_5):中等发育,中等稳定,低瓦斯,中等潮湿,易自燃,评价值:$\mu(p_5) = 3.5$。

6)煤层夹矸:取夹矸厚度为 0.24 m,根据式(3-5)计算得到 $p_{61} = 0.24/11.8$

$= 0.02, \mu(p_{61}) = 4.6, \mu(p_{62}) = 5$。

①$\mu(p_{11})$ 在第一类评价的值:$f_1(r_{11}) = 0.936$,第二类:$f_2(r_{11}) = 0.88$,第三类:$f_3(r_{11}) = 0.43$,第四类:$f_4(r_{11}) = 0$,第五类:$f_5(r_{11}) = 0$。

②$\mu(p_2)$ 在第一类评价的值:$f_1(r_2) = 0.9$,第二类:$f_2(r_2) = 0.875$,第三类:$f_3(r_2) = 0.47$,第四类:$f_4(r_2) = 0$,第五类:$f_5(r_2) = 0$。

③$\mu(p_3)$ 在第一类评价的值:$f_1(r_3) = 0$,第二类:$f_2(r_3) = 0$,第三类:$f_3(r_3) = 0$,第四类:$f_4(r_3) = 0$,第五类:$f_5(r_3) = 0$。

④$\mu(p_4)$ 在第一类评价的值:$f_1(r_4) = 0$,第二类:$f_2(r_4) = 0$,第三类:$f_3(r_4) = 0$,第四类:$f_4(r_4) = 0$,第五类:$f_5(r_4) = 0$。

⑤$\mu(p_5)$ 在第一类评价的值:$f_1(r_5) = 0.7$,第二类:$f_2(r_5) = 0.875$,第三类:$f_3(r_5) = 0.87$,第四类:$f_4(r_5) = 0.25$,第五类:$f_5(r_5) = 0$。

⑥$\mu(p_{61})$ 在第一类评价的值:$f_1(r_{61}) = 0.92$,第二类:$f_2(r_{61}) = 0.8$,第三类:$f_3(r_{61}) = 0.41$,第四类:$f_4(r_{61}) = 0$,第五类:$f_5(r_{61}) = 0$。

⑦$\mu(p_{62})$ 在第一类评价的值:$f_1(r_{62}) = 1$,第二类:$f_2(r_{62}) = 0.75$,第三类:$f_3(r_{62}) = 0.5$,第四类:$f_4(r_{62}) = 0$,第五类:$f_5(r_{62}) = 0$。

根据式(3-7)煤层块段属于第 k 类评价的灰色统计数:

$$C_k = \sum_{i=1}^{7} f_1(r_i) a_i \qquad (a_i \text{ 取 } 1)$$

计算得到 $C_1 = 4.456, C_2 = 4.18, C_3 = 2.68, C_4 = 0.25, C_5 = 0$。

根据式(3-8)煤层块段灰色统计数:

$$C = \sum_{k=1}^{1} C_k = 11.566$$

根据式(3-9)煤层块段属于第 k 类评价的灰色数有:

$$b_1 = 0.385 \quad b_2 = 0.361 \quad b_3 = 0.232 \quad b_4 = 0.02 \quad b_5 = 0$$

所以,

$$b_j = \max\{b_1, b_2, b_3, b_4\} = b_1$$

所以,该煤层块段的顶煤可放性属于第 Ⅰ 类。

3.2 大倾角综放开采顶煤运移规律实测分析

3.2.1 监测方案

在 9-301 工作面两顺槽通过向顶煤方向安设顶板离层仪观测顶煤位移情况（表3-2）。在 9-3012（副巷）安装了 2 个监测断面,在 9-3011（主巷）安装了 2 个监测断面,每个断面的各测点在顶煤中的位置如图3-3、图3-4所示。

表 3-2 顶煤运移监测点布置方案

巷道名称	断面号	测点号	监测项目	安装深度	安装角度/(°)	备注
9-3012 巷	1#	11#	顶煤运移	10 m/3 m	16	3 m 点无法推入孔内
		12#	顶煤运移	8 m/6 m	15	
		13#	顶煤运移	5 m/4 m	11	
	2#	15#	顶煤运移	9 m/8 m	32.6	水平向左偏10°
		16#	顶煤运移	7 m/5 m	30.3	
		17#	顶煤运移	6 m/4 m	29.8	水平向右偏10°
9-3011 巷	5#	6#	顶煤运移	9.5 m/ 8m	57	9.5 m 遇顶板
		7#	顶煤运移	8 m/6 m	59	
		8#	顶煤运移	5 m/3 m	59	
	6#	2#	顶煤运移	9 m/8 m	55	8.5 m 遇顶板
		3#	顶煤运移	7 m/5 m	58	
		4#	顶煤运移	4 m/2 m	54	

3.2.2 监测数据分析

图3-5—图3-8为断面顶煤运移变化曲线。其中 1#、2#断面在 9-3012 巷（副巷）内,5#、6#监测断面在 9-3011 巷（主巷）内。

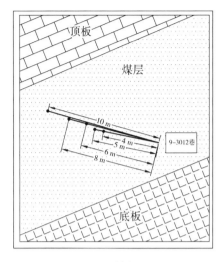
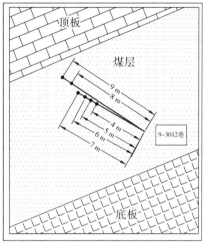

1#监测断面   2#监测断面

图 3-3 9-3012 巷监测断面布置（副巷）

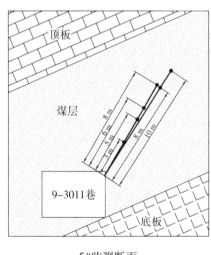

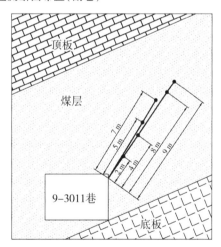

5#监测断面   6#监测断面

图 3-4 9-3011 巷监测断面布置（主巷）

从图 3-5 可以看出,1#断面顶煤位移随着采煤工作面的推进逐渐增大。在 2018 年 12 月 5 日时 10 m、4 m 和 3 m 范围内的顶煤位移大幅度增加,此时 1#测量断面距离采煤工作面 11.2 m。从 12 月 5 日—12 月 9 日,10 m 点处位移变化量 12 mm,位移速率 3 mm/d。10 m 点处的顶煤位移量最大达到 35 mm。

从图 3-6 中可以看出,9 m、8 m、6 m 和 4 m 范围内顶煤位移从 12 月 6 日开始大幅度增加,此时 2#测量断面距离采煤工作面 93 m 左右。从 12 月 6 日—1 月 5 日,8 m 范围内顶煤位移量达到 41 mm,位移速率 1.4 mm/d。12 月 26 日,7 m 和 5 m 范围内的顶煤位移大幅度增加,此时 2#测量断面距离采煤工作面约为 45 m。 5 m 范围内的顶煤位移最大达到 67 mm。

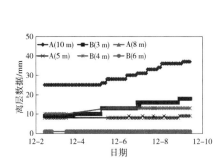

图 3-5　1#测量断面顶煤运移变化曲线　　图 3-6　2#测量断面顶煤运移情况数据

从图 3-7 可以看出,除了 8 m 和 6 m 两个浅基点有读数外,其他离层读数均为 1 mm,推测为设备故障所致。12 月 17 日时,8 m 内的顶煤位移大幅度增加, 此时 5#测量断面距离采煤工作面 30 m。6 m 范围内的顶煤位移在 12 月 23 日后急剧增加,此时 5#测量断面距离采煤工作面约为 14.4 m。8 m 范围的顶煤位移达到 14.5 mm。

从图 3-8 可以看出,从 11 月 23 日开始,9 m 和 8 m 范围内的顶煤位移急剧增加,此时 6#测量断面距离工作面距离约为 27.5 m。9 m 范围内的顶煤位移最大达到 17 mm。

综上,工作面顶煤在距离采煤工作面 30 ~ 50 m 范围内开采产生移动。受倾角影响,靠近 9-3012 巷(副巷)的顶煤位移量远大于靠近 9-3011 巷(主巷)的顶煤位移量。

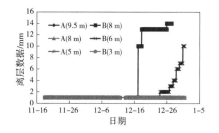

图 3-7 5#测量断面顶煤运移情况数据

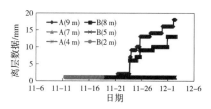

图 3-8 6#测量断面顶煤运移情况数据

4　大倾角综放开采矿压显现规律研究

4.1　大倾角煤层开采顶板结构力学分析

4.1.1　直接顶岩层结构力学模型

文献[83]的研究成果表明,大倾角煤层综放开采工作面的直接顶与水平(近水平)煤层工作面直接顶垮落情况不同,不能随采随冒全部垮落。随着综放开采顶煤的放出,直接顶失去足够的支撑力,在上覆岩层的作用下达到破坏极限,从而发生破坏并随煤流一同向采空区滚落。由于煤层倾角的存在,破断的矸石同时会沿煤层倾向向下山方向滚动,造成矸石在工作面下段堆积,沿煤层倾向方向,工作面上部的直接顶一般能全部冒落,且冒落后矸石向工作面下部移动充填。工作面中部直接顶内的下分层能够较好破碎冒落,上分层会发生不同程度的断裂,产生块度较大的块体。工作面下部只有下分层会产生破坏冒落,来自上、中部的矸石在此堆积压实,形成良好的支撑体。

由于工作面中部的上分层会冒落较大块体,且排列整齐,加上未冒落的直接顶,在走向方向上易形成"砌体拱"小结构。工作面下部的直接顶,仅产生岩性允许的大块度断裂并整齐排列,通常在走向方向上较上、中段更易形成具有一定跨度的"砌体拱"结构,"砌体拱"结构对上覆岩体起到一定的支撑作用,可缓解顶板压力对采场稳定性的影响。

工作面中段处直接顶的下分层冒落,上分层局部会形成"砌体拱"小结构,由于中段处矸石充填密实程度要小于下段,随着开采的继续,"砌体拱"小结构的破坏则多以滑落失稳的形式出现。此结构体保持稳定的极限条件为:

$$T = \frac{hL\gamma(L\cos\theta + h\sin\theta)}{L\cos\theta(\tan\beta + \sin\theta) + h(\tan\beta\sin\theta - 1)} \tag{4-1}$$

式中:T——工作面中段直接顶局部结构形成的水平挤压力;

　　h——直接顶厚度,m;

　　L——直接顶岩块长度,m;

　　γ——直接顶岩层体积重度,N/m^3;

　　θ——岩块下沉的回转角,(°);

　　β——直接顶岩层内摩擦角,(°)。

工作面下段由于存在较密实的矸石作为支撑体,对断裂岩块产生向上的支撑力 F_G,因而阻止了岩块的进一步下沉,此时结构滑落失稳的极限平衡条件为:

$$T = \frac{(hL\gamma - F_G)(L\cos\theta + h\sin\theta)}{2\tan\beta(L\cos\theta + h\sin\theta) + L\sin 2\theta - 2h} \tag{4-2}$$

采空区倾向方向上,由于直接顶各分层破坏程度不同,下分层较上分层更易于垮落堆积,直接顶的不同区段则会形成长度不同的多分层复合"倾斜砌体梁"结构。"倾斜砌体梁"结构在采空区下段的长度要小于中段,也小于上段,同一区段不同分层中,由下分层到上分层,此结构长度不断变大。"倾斜砌体梁"结构的形成与煤层倾角有关,倾角越大,采空区中下段矸石的堆积越容易、越密实,就越容易形成。同时,直接顶的岩性与分层状况对"倾斜砌体梁"结构也会造成影响。显然,直接顶"砌体梁"结构的形成及其稳定性对矿压显现规律及采场顶板的控制具有重要作用。

4.1.2　基本顶岩层的结构力学模型

大倾角煤层采场直接顶会因下部矸石支撑力的作用,铰接而形成"砌体梁"

结构。由于大倾角的存在,不但在走向上易形成块体铰接结构,在倾向上由于岩石自重分力的作用,也会较水平(近水平)煤层更易形成"砌体梁"结构。正是由于大倾角煤层工作面直接顶在走向和倾向上形成铰接块体的"砌体梁"结构,组成了基本顶岩体的"大结构"。如图 4-1 所示为大倾角煤层工作面基本顶结构力学模型。

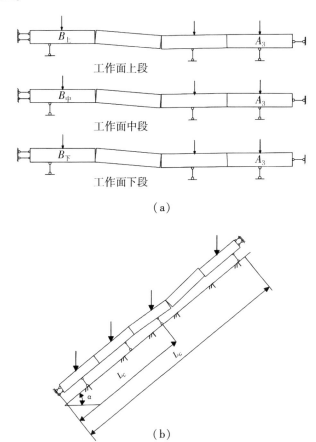

图 4-1 大倾角煤层工作面基本顶结构力学模型

(a)沿走向方向; (b)沿倾向方向

由图 4-1(b)可以推算,大倾角煤层工作面基本顶沿倾向方向受矸石充填、支撑部分的斜长 L_c 为:

$$L_C = \frac{\bar{h}k}{\bar{h} + M}L_G - 0.5(\bar{h} + M)\cot(\alpha - \beta) \qquad (4\text{-}3)$$

式中：L_G—— 工作面斜长，m；

$\bar{h}$—— 直接顶平均冒落高度，m；

k—— 直接顶岩体的碎胀系数；

M—— 工作面采高，m；

α—— 煤层倾角，(°)；

β— 冒落矸石堆积的自然安息角，(°)。

直接顶在工作面上段一般不会形成"砌体拱"小结构，只有在中、下段会形成此结构。基本顶岩体"大结构"的关键块位于工作面倾向长度 L_C 以上，其平衡、旋转、滑落等会对整个大结构产生重要影响，进而伴随矿山压力显现规律的变化。大倾角采场中、下段的"大结构"在直接顶的支撑作用和自身结构特性下，可以保持平衡稳定，同时也能保护直接顶的小结构。非来压期间，中、下段直接顶"砌体拱"小结构的破坏失稳对基本顶"大结构"会有所影响，但不至造成其结构性破坏。若上述过程发生在基本顶"大结构"的失稳过程中，则会加速"大结构"的破坏。

在大倾角煤层工作面倾向的回采空间中，上覆直接顶冒落后堆积的矸石对上覆顶板的支撑作用是运动变化的，上覆直接顶和基本顶随开采进行所形成的铰接"砌体拱"结构也是在变化的，工作面下段矿山压力显现主要由直接顶下分层引起，工作面上段基本顶的"大结构"起关键作用。当采场上段岩层处于活动剧烈的不稳定破坏时，采场下段该岩层仍处于相对稳定的状态，其对采场空间的影响也没有中、上段岩层大。

4.2 大倾角综放开采数值模拟分析

4.2.1 模型建立

(1)FLAC 基本原理及软件简介

FLAC(Fast Lagrangian Analysis of Continua)是连续介质快速拉格朗日分析程序。拉格朗日元法是利用显式有限差分方法求解,其基本原理与算法与离散元法相似,它运用节点位移量连续条件,可对连续介质进行大变形分析,基于显式差分法求解运动方程和动力方程。拉格朗日元法的计算循环如图 4-2 所示,假定某一时刻各节点的速度为已知,则根据高斯定理可求得单元的应变率,进而可以根据材料设定的本构定律求得各单元新的应力。接着,按节点周围的单元对应力围线积分,即能求得作用在节点上的不平衡力,按照时步迭代求解的方法可确定各节点的不平衡力,利用运动定律即可确定节点在某一时刻的加速度,即又计算达到图中左下角,然后再按时步 ΔT 进行下一轮循环,一直算到问题收敛。若问题本身不收敛,如发生塑性流动,则可以跟踪塑性流动的全过程。

FLAC^{3D} 软件是一个利用显式有限差分方法求解的岩土、采矿工程中进行分析和设计的二维连续介质程序,主要用于模拟土层、岩石及其他材料的非线性力学行为,可以解决众多有限元程序难以模拟的复杂的工程问题,例如大变形、大应变、非线性及非稳定系统(甚至大面积屈服/失稳或完全塌方)等问题。FLAC 程序中提供了由空模型、弹性模型和塑性模型组成的 11 种基本的本构关系模型:

①空模型。

②各向同性弹性模型。

③横向同性弹性模型。

④莫尔—库仑模型。

⑤德鲁克—普拉格模型。

⑥节理化模型。

⑦应变硬化-软化模型。

⑧双线性应变硬化-软化的节理化模型。

⑨双屈服模型。

⑩修正的剑桥黏土模型。

⑪霍克—布朗模型。

用户也可以用 FISH 程序语言创建自己的本构模型。FLAC 网格中的每个单元都可以有不同的材料模型或参数,并且对于每个参数都可以有详细指定其连续梯度和统计分布。此外,在两部分或更多部分的网格之间,提供了界面模型和滑移面模型表示明显的界面,可以用于模拟断层、节理和摩擦边界等。

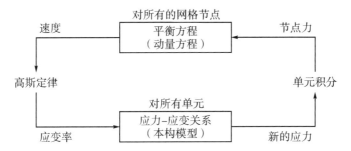

图 4-2 拉格朗日元法的计算循环图

计算中采用莫尔—库仑模型和空单元模型(巷道开挖和工作面回采)。莫尔—库仑屈服准则为:

$$f_s = \sigma_1 - \sigma_3 \frac{1 + \sin \varphi}{1 - \sin \varphi} - 2c \sqrt{\frac{1 + \sin \varphi}{1 - \sin \varphi}} \tag{4-4}$$

式中:σ_1—— 最大主应力;

σ_3—— 最小主应力;

c——黏结力；

φ——摩擦力。

当 $f_s > 0$ 时，材料将发生剪切破坏。在通常应力状态下，岩体的抗拉强度很低，因此可根据抗拉强度准则（$\sigma_3 \geqslant \sigma_\tau$）判断岩体是否产生拉破坏。

（2）计算模型和参数设定

依据301工作面的空间位置关系，利用 FLAC^{3D} 软件建立数值计算模型，研究工作面推进过程中采动应力场分布规律。模型长×宽×高＝500 m×400 m×250 m（图4-3），共建立 648 960 个单元，683 995 个节点（图4-4）。

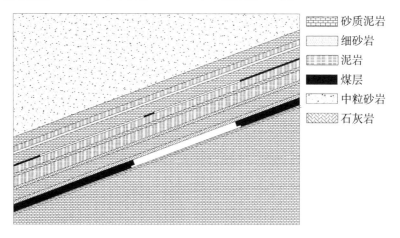

砂质泥岩
细砂岩
泥岩
煤层
中粒砂岩
石灰岩

图4-3　9-301 工作面开采模型

图4-4　9-301 工作面数值模型

计算模型边界条件确定如下：

① 模型 x 轴两端边界施加沿 x 轴的约束，即边界 x 方向位移为零。

② 模型 y 轴两端边界施加沿 y 轴的约束，即边界 y 方向位移为零。

③ 模型底部边界固定，即底部边界 x,y,z 方向的位移均为零。

④ 模型顶部为自由边界。

结合该矿地应力测量结果，计算模型边界载荷条件如下：

①模型 x 轴方向施加 23.1～9.4 MPa 的梯度应力。

②模型 y 轴方向施加 14.2～5.8 MPa 的梯度应力。

③模型 z 轴方向施加 17.7～7.2 MPa 的梯度应力，模型上部施加 7.2 MPa 的等效载荷，z 轴方向设定自重载荷。

模型中各煤岩层的物理力学参数根据矿井相关资料、类似矿井煤岩层物理力学参数及实验室相似煤岩测定的参数估算，初步给出各个煤岩物理力学参数。本次模拟所用的煤岩力学参数见表4-1。

表 4-1　煤岩力学参数

项目 名称	密度 /(kg·m⁻³)	抗拉强度 /MPa	内摩擦角 /(°)	弹性模量 /MPa	内聚力 /MPa	泊松比
石灰岩	2 988	5.1	29	11 279	3.26	0.23
中砂岩	2 650	2.52	40	9 169	1.31	0.34
煤层	1 420	0.57	35	3 865	3.35	0.33
泥岩	2 923	3.26	34	8 179	2.78	0.29
细砂岩	2 740	3.13	34	8 561	2.29	0.21
砂质泥岩	2 580	1.12	31	1 396	2.05	0.34

4.2.2　计算结果分析

9-301 工作面开采 9#煤，煤层厚度 11.8 m，平均埋深 460 m，煤层倾角 20°。采用综合机械化放顶煤开采方法，采高为 3.2 m，放煤高度为 8.6 m，割煤步距

0.8 m,一采一放。9-301 工作面部分区域位于5#煤层采空区和煤柱下方,具体空间位置关系如图4-3所示。

(1)工作面围岩应力分布规律

9-301 工作面在上部采空区和残留煤柱的影响下,工作面围岩应力分布较为复杂。图4-5给出了9-301 工作面开采前煤岩应力分布情况。由图可知:工作面下部处于残留煤柱的应力影响区,应力达到 12 ~ 18 MPa;工作面上部处于上部采空区的卸压区域,应力为 8 ~ 12 MPa。

9-301 工作面在上部采空区和残留煤柱的影响下,工作面采动应力分布较为复杂。图4-6—图4-11给出了9-301 工作面开采过程中围岩应力分布情况。在上部煤柱的影响下,工作面上部区域支承应力集中更为明显,下部区域支承应力相对较低。

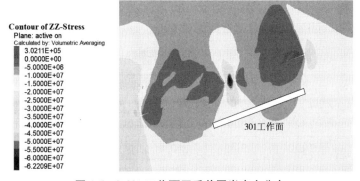

图 4-5　9-301 工作面开采前围岩应力分布

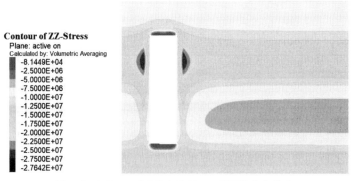

图 4-6　9-301 工作面开采 50 m 时围岩应力分布

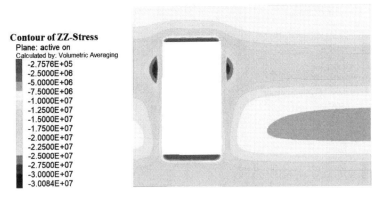

图 4-7　9-301 工作面开采 100 m 时围岩应力分布

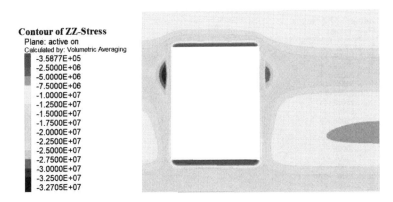

图 4-8　9-301 工作面开采 150 m 时围岩应力分布

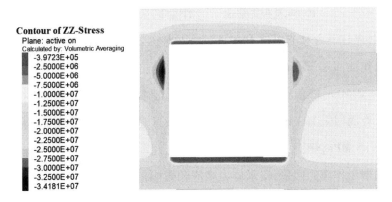

图 4-9　9-301 工作面开采 200 m 时围岩应力分布

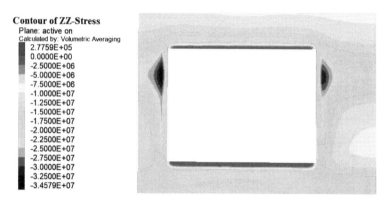

图 4-10 9-301 工作面开采 250 m 时围岩应力分布

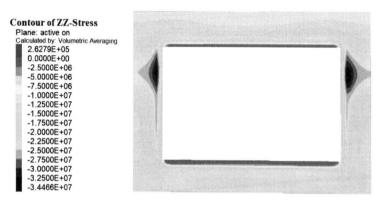

图 4-11 9-301 工作面开采 300 m 时围岩应力分布

图 4-12—图 4-16 和表 4-2 给出了工作面回采过程中超前支承压力分布情况,分别对煤柱下方和非煤柱下方的支承压力分布特征进行分析:

①工作面回采 50 m 时,煤柱区和非煤柱区超前支承压力峰值分别为 28.4 MPa 和 14.3 MPa,峰值点位于煤壁前 5 m 处,超前支承压力影响范围 30 m。

②工作面回采 100 m 时,煤柱区和非煤柱区超前支承压力峰值分别为 30.2 MPa 和 19.5 MPa,峰值点位于煤壁前 5 m 处,超前支承压力影响范围 37 m。

③随着工作面的回采,支承应力峰值和影响范围逐渐增大。当工作面回采 200 m 工作面见方时,煤柱区和非煤柱区超前支承压力峰值分别为 31.9 MPa 和 24.7 MPa,峰值点位于煤壁前 5 m 处,超前支承压力影响范围 45 m。工作面继续回采,支承应力峰值和影响范围趋于稳定。

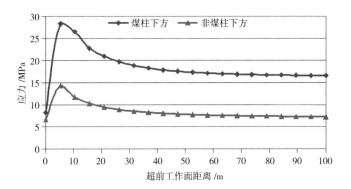

图 4-12　9-301 工作面开采 50 m 时超前支承压力分布

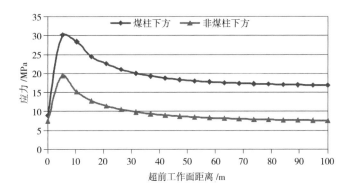

图 4-13　9-301 工作面开采 100 m 时超前支承压力分布

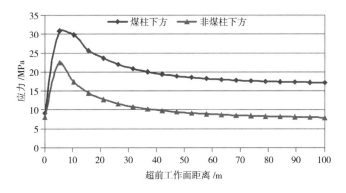

图 4-14　9-301 工作面开采 150 m 时超前支承压力分布

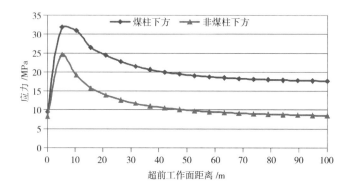

图4-15 9-301工作面开采200 m时超前支承压力分布

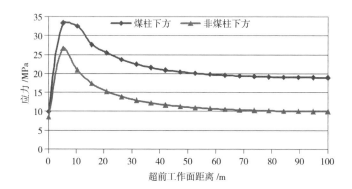

图4-16 9-301工作面开采250 m时超前支承压力分布

④受上方5#煤层工作面遗留煤柱的影响,9-301工作面下部区段受到集中应力的影响,工作面前方支承压力较大,峰值压力达到33.4 MPa。

表4-2 9-301工作面超前支承压力统计

工作面推进距离/m	超前支承应力峰值/MPa		峰值点位置/m	影响范围/m
	煤柱区	非煤柱区		
50	28.4	14.3	5	30
100	30.2	19.5	5	37
150	30.9	22.5	5	40
200	31.9	24.7	5	48
250	33.4	26.6	5	48

图4-17—图4-21和表4-3给出了9-301工作面开采过程中侧向支承压力分布情况。左侧处于上部采空区下方支承压力相对较低,右侧受到上部边界煤柱影响支承压力相对较高。由此可知:

①工作面回采50 m时,工作面左、右两侧向支承压力峰值分别为10.4 MPa和18.8 MPa,峰值点位于煤壁5 m处,侧向支承压力影响范围10 m。

②工作面回采100 m时,工作面左、右两侧向支承压力峰值分别为13.3 MPa和24 MPa,峰值点位于煤壁5 m处,侧向支承压力影响范围20 m。

③随着工作面的回采,支承应力峰值和影响范围逐渐增大。当工作面回采200 m工作面见方时,工作面左、右两侧向支承压力峰值分别为20.1 MPa和29.9 MPa,,峰值点位于煤壁5 m处,侧向支承压力影响范围24 m。工作面继续回采,支承应力峰值和影响范围趋于稳定。

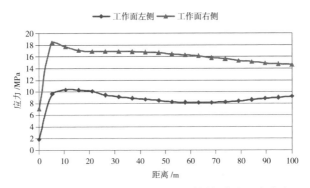

图4-17　9-301工作面开采50 m时侧向支承压力分布

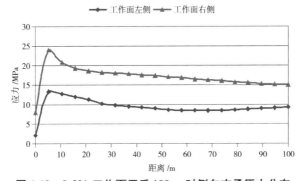

图4-18　9-301工作面开采100 m时侧向支承压力分布

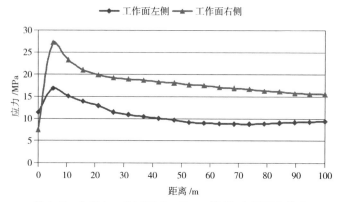

图 4-19   9-301 工作面开采 150 m 时侧向支承压力分布

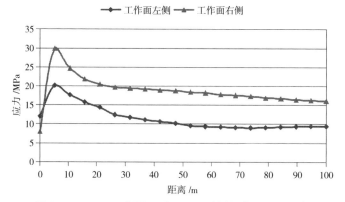

图 4-20   9-301 工作面开采 200 m 时侧向支承压力分布

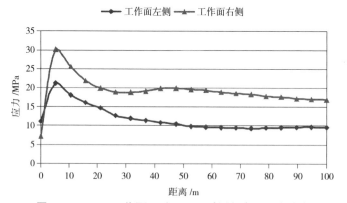

图 4-21   9-301 工作面开采 250 m 时侧向支承压力分布

表 4-3　9-301 工作面侧向支承压力统计

工作面推进距离/m	超前支承应力峰值/MPa		峰值点位置/m	影响范围/m
	工作面左侧	工作面右侧		
50	18.4	10.4	5	10
100	24.0	13.3	5	20
150	27.2	16.8	5	26
200	29.9	20.1	5	30
250	30.1	21.1	5	30

（2）工作面顶煤运移规律

301 工作面采用综合机械化放顶煤开采方法，顶煤的运移规律影响顶煤的放出效果。图 4-22—图 4-24 给出了工作面前方顶煤运移情况，由此可知：在超前支承应力和采空区顶板的共同影响下，水平方向上顶煤在工作面前方 6.4 m 开始发生移动，垂直方向上顶煤由上至下顶煤逐渐移动。

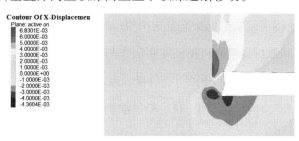

图 4-22　9-301 工作面开采过程中顶煤水平位移分布

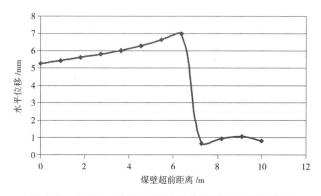

图 4-23　9-301 工作面开采过程中顶煤水平位移分布

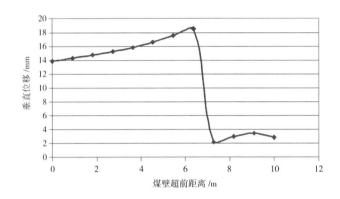

图 4-24　9-301 工作面开采过程中顶煤垂直位移分布

4.3　采动覆岩层结构及运动特征相似模拟实验

4.3.1　相似材料模拟内容

相似材料模拟实验是在实验室里利用相似材料,依据现场柱状图和煤、岩石力学性质,按照相似材料理论和相似准则制作与现场相似的的模型,然后进行模拟开采,在模型开采过程中对于开采引起的覆岩运动及围岩应力分布规律进行连续观测。根据模型实验的实测结果,利用相似准则,求算或反推该条件下现场开采时的顶板运动和围岩应力分布规律以便为现场提供理论依据。本项目的相似材料模拟实验具体研究内容主要是工作面上覆岩层运动与破坏规律、顶板位移、围岩应力分布规律。

本项目的相似材料模拟实验以庞庞塔矿 9-301 工作面倾向剖面建立模型。模拟分析工作面回采、放煤等过程中顶板覆岩变形和应力变化规律。

4.3.2　相似材料模拟理论

相似材料模拟方法是在确保相似条件的情况下,对物理模型做尽可能地简化后,研究地下开采引起的覆岩运动和破坏过程。在做相似材料模拟实验时,尤其是大比例模型实验,当研究区域埋深较大时,模型往往只铺设到需要考察和研究的范围为止。其上部岩层不再铺设,而以均布载荷的形式加在模型上边界,所加载荷大小为上部未铺设岩层的重力。相似材料模拟实验方法是建立在牛顿力学相似理论基础之上的,其满足条件是,模型和被模拟体必须保证几何形状方面、质点运动的轨迹以及质点所受的力相似。相似理论的基础是相似三定理。

要使模型中发生的情况能如实反映原型中发生的情况,就必须根据问题的性质,找出主要矛盾,并根据主要矛盾,确定原型与模型之间的相似关系和相似准则,相似准则要求具备几何相似、运动相似、动力相似。根据上述相似准则将原型岩层物理力学指标换算成模型上相应的参数,另外相似模型同时满足原型的所有物理力学指标是很困难的,也是没有必要的,根据要解决的问题,应选择影响模型和原型的主要指标作为相似参数。

4.3.3 相似材料选取

根据相似理论,在模型实验中应采用相似材料来制作模型。相似材料的选择、配比以及实验模型的制作方法对材料的物理力学性质具有很大的影响,对模拟实验的成功与否起着决定性作用。在模型实验研究中,选择合理的模型材料及配比具有重要意义。

根据本项目相似模拟的实际需要及模拟岩层的力学属性,选择石英砂作为骨料,石灰、石膏作为胶结物,根据各种材料不同的配比做成标准试件,并测出其抗拉强度、抗压强度,见表4-4。

4.3.4 实验装备及观测系统

实验中使用由西安交通大学信息机电研究所研制的 XTDIC 三维光学散斑系统(图4-25)。XTDIC 系统是一种光学非接触式三维变形测量系统,用于物体表面形貌、位移以及应变的测量和分析,并得到三维应变场数据,测量结果直观显示。

表 4-4　砂子、石灰、石膏相似材料配比

配比号	材料配比				抗压强度 /10⁻²MPa	抗拉强度 /10⁻²MPa	备注
	砂胶比	胶结物		水分			
		石灰	石膏				
373	3:1	0.7	0.3	1/9	0.263	0.019	
355		0.5	0.5	1/9	0.263	0.019	
437	4:1	0.3	0.7	1/9	0.304	0.020	采用 石英砂
637	6:1	0.3	0.7	1/9	0.244	0.013	
655		0.5	0.5	1/9	0.185	0.012	
673		0.7	0.3	1/9	0.263	0.019	

该系统采用两个高精度摄像机实时采集物体各个变形阶段的散斑图像,利用数字图像相关算法实现物体表面变形点的匹配,根据各点的视差数据和预先标定得到的相机参数重建物面计算点的三维坐标;并通过比较每一变形状态测量区域内各点的三维坐标的变化得到物面的位移场,进一步计算得到物面应变场(图 4-26)。散斑系统集成了动态变形系统与轨迹姿态分析系统,在散斑计算

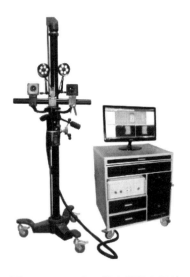

图 4-25　XTDIC 三维光学散斑系统

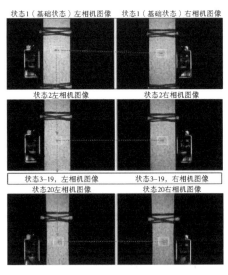

图 4-26　散斑图像追踪过程

的同时对于物体表面特殊点的位移变化和轨迹姿态进一步分析计算。该系统由可调节的测量头、控制箱和一台高性能的计算机组成。通过控制箱实现软硬件的信号链接。

　　模型装填过程中,在模型内布设应力监测装置,观测工作面开采过程中采动支承应力分布与变化情况。监测方法是采用 YJZ-32A 智能数字应变仪(图 4-27)采集预先埋入模型中的 BW-5 型微型压力盒(图 4-28)的电信号数据,然后进行数据成图与分析。

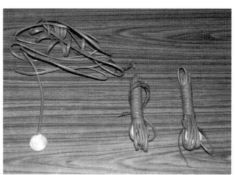

图 4-27　YJZ-32A 智能数字应变仪　　　　图 4-28　BW-5 型压力盒

4.3.5　模型设计与制作

　　根据实验室条件和研究需要,模型装填尺寸长×宽×高 = 2 000 mm×240 mm×1 500 mm,模型中共布设 20 个应力监测点(图 4-29)。模型比例 1∶150,模型选择抗拉强度和抗压强度作为模型和原型相似的主要指标,间接考虑变形、剪切强度、弹性模量、泊松比等指标。在表 4-4 中找出与模拟岩层换算后相接近的模型强度值,那么该值的材料配比即代表模型强度相对应的岩层。各岩层换算指标及材料配比见表 4-5。

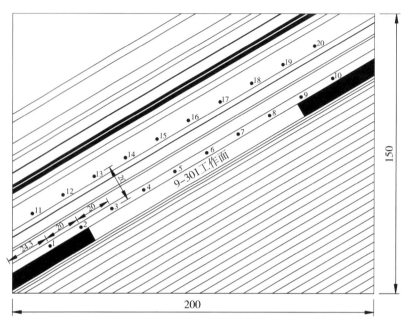

图 4-29　相似材料物理模型（单位：cm）

表 4-5　模拟岩层材料配比

序号	岩层名称	实际厚度/m	模拟厚度/cm	岩石强度/MPa		模型强度/MPa		模拟材料配比号
				单轴抗拉	单轴抗压	单轴抗拉	单轴抗压	
1	基岩	96	64.0	2.09	27.35	0.008	0.109	673
2	中粒砂岩	5.82	3.9	3.17	47.21	0.013	0.189	655
3	砂质泥岩	14.72	9.8	4.76	65.82	0.019	0.263	373
4	泥岩	8.3	5.5	3.26	61.12	0.013	0.244	637
5	粉砂岩	4	2.7	2.14	35.72	0.009	0.143	373
6	砂质泥岩	7.9	5.3	4.76	65.82	0.019	0.263	355
7	3#煤	0.38	0.3	0.57	2.72	0.002	0.011	673
8	砂质泥岩	8.12	5.4	4.76	65.82	0.019	0.263	355
9	5#上煤	1.9	1.3	0.57	2.72	0.002	0.011	673
10	泥岩	1.3	0.9	3.26	61.12	0.013	0.244	637
11	5#煤	3	2.0	0.57	2.72	0.002	0.011	673
12	泥岩	4.5	3.0	3.26	61.12	0.013	0.244	637
13	砂质泥岩	5.08	3.4	4.76	65.82	0.019	0.263	355

续表

序号	岩层名称	实际厚度/m	模拟厚度/cm	岩石强度/MPa		模型强度/MPa		模拟材料配比号
				单轴抗拉	单轴抗压	单轴抗拉	单轴抗压	
14	泥岩	13.9	9.3	3.26	61.12	0.013	0.244	637
15	泥岩	2.1	1.4	3.26	61.12	0.013	0.244	637
16	L₄石灰岩	4.4	2.9	5.1	76.02	0.020	0.304	437
17	7#煤	0.3	0.2	0.57	2.72	0.002	0.011	673
18	砂质泥岩	7.7	5.1	4.76	65.82	0.019	0.263	355
19	L₃石灰岩	1.8	1.2	5.1	76.02	0.020	0.304	437
20	砂质泥岩	8.71	5.8	4.76	65.82	0.019	0.263	355
21	L₁灰岩	6.69	4.5	5.1	76.02	0.020	0.304	437
22	9#煤	11.8	7.9	0.57	2.72	0.002	0.011	673
23	泥岩	1.89	1.3	3.26	61.12	0.013	0.244	637
24	细粒砂岩	2	1.3	3.03	46.26	0.012	0.185	655
25	砂质泥岩	3.01	2.0	3.26	61.12	0.013	0.244	637

目前相似材料模型成型方式有两种,砌块模型和捣固模型,本项目模型采用捣固模型,因捣固模型具有完整性好、相似材料强度易于保持、位移和应力测量方便等特点。

首先,将模型最底部的两侧槽钢模板安装到位,并上紧固定螺丝。接着,按岩层柱状把计算好的各分层材料的重量称准,按配比混合均匀,加水后搅拌均匀,并迅速上模。然后,将上模的相似材料捣实抹平。如模拟层状岩层,应分层装填,最小厚度为 0.2 cm,最大厚度为 4 cm,厚度过大使模型上密下松,一般为 2 cm。以此类推,随分层材料的加高相应的补加模板的高度,分层间铺垫云母粉以模拟各岩层的界面,制作好的模型如图 4-30 所示。

4.3.6 实验结果分析

(1)覆岩运动与破坏特征描述

相似模拟实验过程中,对煤层进行模拟开采,为消除边界效应,距离模型边界 65 cm 处设置为初采位置,工作面开采方向为由下至上(图 4-30)。根据现场实际情况,初采 3.5 cm(实际 5.25 m)范围不进行放煤。随工作面推进,在滞后开采位置 9 cm(实际 13.5 m)处开始进行放煤。此后,随开采位置不断前移,放煤工作紧随其后。

图 4-30 相似材料模型

当工作面推进至 35 cm(实际 52.5 m)时,顶板初次垮落,垮落高度为 9.24 cm(实际 13.86 m),如图 4-31 所示。当工作面推进至 48 cm(实际 72 m)时,顶板垮落高度为 13.85 cm(实际 20.78 m),如图 4-32 所示。当工作面推进至 78 cm(实际 117 m)时,顶板垮落带高度为 13.85 cm(实际 20.78 m),顶板裂隙带高度为 46.19 cm(实际 69.29 m),如图 4-33 所示。当工作面推进至 128 cm(实际 192 m)时,顶板垮落带高度为 13.85 cm(实际 20.78 m),顶板裂隙带高度为 46.19 cm(实际 69.29 m),顶板弯曲下沉带高度为 39.26 cm(实际 58.89 m),如图 4-34 所示。

当回采长度达到 133 cm(实际 200 m)时,覆岩最终垮落形态如图 4-35 所示,开采引起的覆岩移动破坏范围已发展至模型边界。由图可知,受倾角的影响,采空区影响边界角不对称,上山方向移动角为 79°,下山移动角为 70°。覆岩移动具有向下趋势,易造成工作面下半部分和正巷围岩压力增加。

初采位置

图 4-31　推进至 35 cm 时直接顶初次垮落

图 4-32　推进至 48 cm 时覆岩垮落形态

图 4-33　推进至 78 cm 时覆岩垮落形态

图 4-34　推进至 128 cm 时覆岩垮落形态

图 4-35　覆岩最终垮落形态

（2）覆岩位移监测分析

按照设计方案，在模型表面标点以便相机自动识别，在开挖前后（图 4-36），利用相机拍摄单色照片，利用 XTOP 三维光学测量系统对照片进行处理。当进行开挖后（图 4-37），在各阶段进行拍摄，经过三维光学静态变形测量软件进行数据处理，对比各阶段与原始状态的差别，进而计算出整个模型上所有监测点产生的位移，生成位移云图（图 4-38—图 4-40）。该系统节省了大量人工测量的烦琐工作，而且提高了测量精度。

图 4-36　开挖前状态

图 4-37　开挖后状态

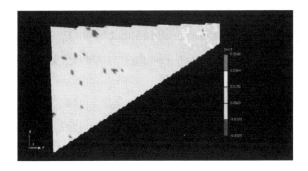

图 4-38　开挖前垂直方向位移云图

通过监测的位移数据可以得出,受倾角影响,工作面覆岩整体有向下滑移和推挤的趋势,导致在工作面下部出现位移最大的区域(图4-40),覆岩整体向下的推移将影响工作面设备的稳定。

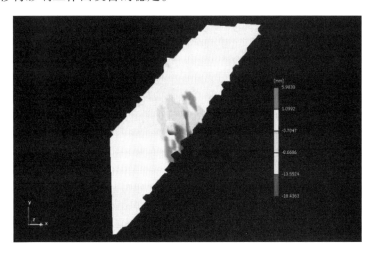

图4-39 开挖68 cm 时垂直方向位移云图

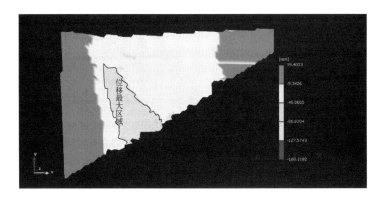

图4-40 开挖133 cm 时垂直方向位移云图

（3）工作面前方支承压力分布规律分析

通过在模型中埋设 BW-5 微型压力盒利用 YJZ-32A 智能数字应变仪实现应力实时监测(图4-41,图4-42),选取部分压力盒应变数据绘制监测曲线如图4-43—图4-46所示。通过对监测数据进行筛选、整理后得到:工作面推采位置距压力盒33~50 m时开始对压力盒所在位置的顶板压力产生影响,当推采位置距其10~15 m时,压力盒应变值达到峰值,应力集中系数3~3.5。

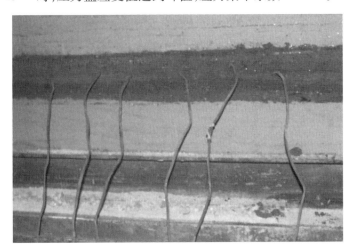

图4-41　模型中应力监测点

图4-42　模型应力监测系统

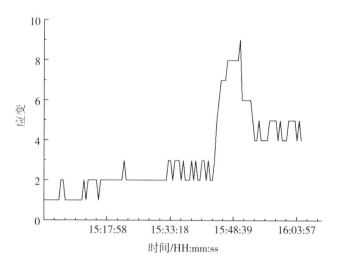

图 4-43　5#压力盒应变值变化曲线

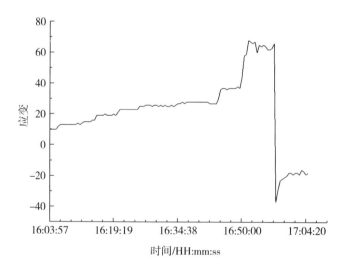

图 4-44　6#压力盒应变值变化曲线

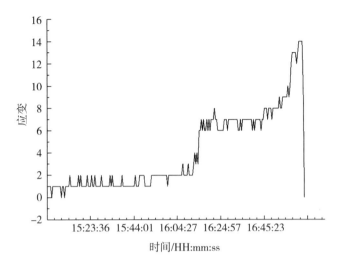

图 4-45　15#压力盒应变值变化曲线

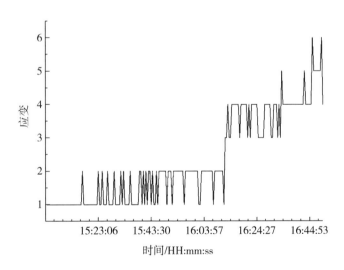

图 4-46　16#压力盒应变值变化曲线

5　9-301 工作面矿压显现规律实测与分析

5.1　矿压监测目的与内容

拟对回采工作面与回采巷道进行矿压监测,具体监测内容包括:

①工作面超前支承压力监测。

②顶煤运移监测。

③巷道表面位移监测。

④回采顺槽锚杆(索)受力监测。

⑤回采巷道顶板离层监测。

⑥回采巷道两帮深部位移监测。

⑦工作面超前煤体应力监测。

实施地点选在 9-301 工作面两顺槽。每条顺槽布置 3 个监测断面,共 6 个监测断面,每个监测断面皆进行巷道表面位移监测、锚杆(索)受力监测、顶板离层监测和两帮深部位移监测,监测断面具体布置如图 5-1 所示。

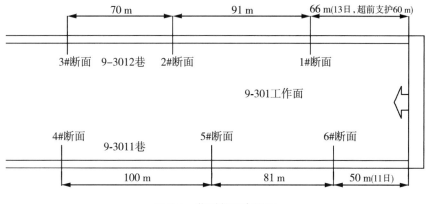

图 5-1 监测断面布置图

5.2 矿压监测方案

（1）工作面超前支承压力监测

9-301 工作面两个顺槽超前支护形式不同，其中 9-3011 巷采用超前支架支护，9-3012 巷采用单体液压支柱支护，在超前支架上已经安设在线压力监测设备，不再安装压力表。因此，只在 9-3012 巷道超前支柱上安装压力表，安设两排，每排 2 块，共 4 块，间距 30 m，编号分别为 1、2、3、4#，如图 5-2 所示。

（2）顶煤离层与顶煤运移监测

分别在 1#～6# 断面顶板正中安设顶板离层仪，垂直顶板钻进，每个监测断面安设 1 个顶板离层仪，共计 6 个。

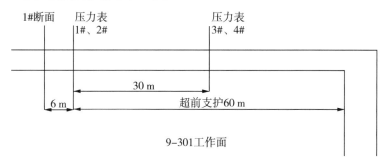

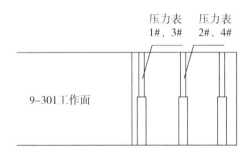

图 5-2　9-3012 超前支撑压力监测设备安装位置示意图

在 1#、2#、5#、6#监测断面安设顶煤运移观测设备(离层仪),每个断面向工作面内煤壁斜上方打 3 个钻孔,每个钻孔水平间距 0.8 ~ 1.0 m 分别安装离层仪,用于观测顶煤运移情况,共计 12 个测点。

测试采用的仪器为尤洛卡公司生产的 YHW300 本安型围岩位移测定仪(图 5-3)。顶煤离层与顶煤运移监测安装情况及编号见表 5-1。

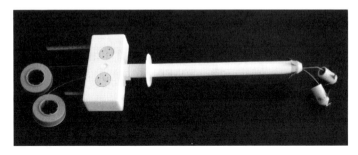

图 5-3　YHW300 本安型围岩位移测定仪

（3）工作面超前煤体应力监测

在 2#、5#监测断面进行工作面超前煤体应力监测,每个监测断面垂直煤壁安装围岩应力传感器,孔间距 1 m,安装初始压力 6 ~ 8 MPa(表 5-2)。安装示意如图 5-4 所示,测试采用仪器为尤洛卡公司生产的 GMC20 应力传感器,如图 5-5 所示。

表 5-1　顶板离层和顶煤运移设备安装情况

巷道名称	断面号	测点号	监测项目	安装深度	安装角度/(°)	备注
9-3012	1#	10#	顶板离层	9 m/5 m	90	煤厚 7.3 m
		11#	顶煤运移	10 m/3 m	16	3 m 点无法推入孔内
		12#	顶煤运移	8 m/6 m	15	
		13#	顶煤运移	5 m/4 m	11	
	2#	14#	顶板离层	8.5 m/4.5 m	90	煤厚 6 m,断面位置向内 6 m
		15#	顶煤运移	9 m/8 m	32.6	水平向左偏 10°
		16#	顶煤运移	7 m/5 m	30.3	
		17#	顶煤运移	6 m/4 m	29.8	水平向右偏 10°
	3#	18#	顶板离层	8.2 m/4.2 m	90	煤厚 6.2 m
9-3011	4#	9#	顶板离层	8m/4.5m	90°	煤厚 6 m
	5#	5#	顶板离层	8 m/5 m	90	煤厚 6 m
		6#	顶煤运移	9.5 m/8 m	57	9.5 m 遇顶板
		7#	顶煤运移	8 m/6 m	59	
		8#	顶煤运移	5 m/3 m	59	
	6#	1#	顶板离层	8 m/4 m	90	煤厚 5 m
		2#	顶煤运移	9 m/8 m	55	8.5 m 遇顶板
		3#	顶煤运移	7 m/5 m	58	
		4#	顶煤运移	4 m/2 m	54	

表 5-2　工作面超前煤体应力监测点安装深度

断面序号	安装深度	测点号	备注
2#	13.5 m	④	钻进 13.5 m 时遇到岩石,停止钻进
	10 m	⑤	
	5 m	⑥	

续表

断面序号	安装深度	测点号	备注
5#	15 m	①	
	10 m	②	
	4.5 m	③	

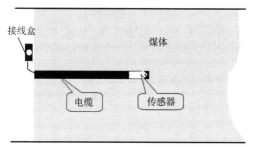

图 5-4　煤柱应力监测安装示意图

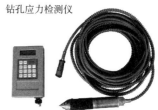

图 5-5　GMC20 应力传感器

（4）巷道表面位移监测点

分别在 1#～6#监测断面设置观测点，采用十字布点法观测顶底板、两帮相对移近量（图 5-6），两帮以固定的锚杆托盘为基准点，顶板以位于顶板中部的锚杆托盘为基准点，竖直下垂点为底板点，每天记录一次，记录表格见表 5-3。

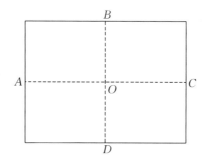

图 5-6　十字布点法巷道表面位移监测

（5）回采巷道两帮深部位移监测点

在 1#～6#监测断面的两帮分别布置围岩深部位移监测，在巷道两帮平行于煤层安设多点位移计,每个钻孔安装深度 10 m、7 m、5 m、3 m、1 m,对应孔号分别为 1#、2#、3#、4#、5#,每个监测断面 2 个孔,孔间距 1 m,共计 12 个孔。每天记录一次,记录表格见表 5-3。

表 5-3　巷道多点位移和表面位移记录表格

巷道名称	断面号	测点位置	测点标号					表面位移	
			1	2	3	4	5	顶底	两帮
9-3012	1#	上帮							
		下帮							
	2#	上帮							
		下帮							
	3#	上帮	损坏						
		下帮							
9-3011	4#	上帮							
		下帮	损坏						
	5#	上帮							
		下帮							
	6#	上帮							
		下帮							
上帮:沿煤层倾向,标高高于所在巷道的一侧;下帮:沿煤层倾向,标高低于所在巷道的一侧									

(6)锚杆(索)受力监测

分别在 1#~6# 监测断面的顶板选定 1 根锚索和 1 根锚杆,两帮各选择 1 根锚杆,安装压力表测量锚杆、锚索受力,每个监测断面 4 个测点,共计 24 个测点,安装示意如图 5-7 所示,测点布置及标号见表 5-4。测试采用的仪器为尤洛卡公司生产的 MCS-400 锚杆(索)测力计(图 5-8)。

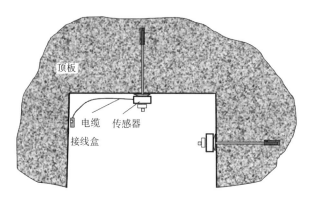

图 5-7　安装示意图

图 5-8　MCS-400 锚杆（索）测力计

表 5-4 锚索、锚杆受力测点布置

巷道名称	断面号	监测内容	测点位置	测点编号	备注
9-3012	1#	锚索受力	顶板	13#	
		锚杆受力	下帮	14#	
		锚杆受力	顶板	15#	
		锚杆受力	上帮	16#	
	2#	锚索受力	顶板	17#	
		锚杆受力	下帮	18#	
		锚杆受力	顶板	19#	
		锚杆受力	上帮	20#	
	3#	锚索受力	顶板	21#	
		锚杆受力	下帮	22#	
		锚杆受力	顶板	23#	
		锚杆受力	上帮	24#	
9-3011	6#	锚索受力	顶板	1#	
		锚杆受力	下帮	2#	
		锚杆受力	顶板	3#	
		锚杆受力	上帮	4#	
	5#	锚索受力	顶板	5#	
		锚杆受力	下帮	6#	
		锚杆受力	顶板	7#	
		锚杆受力	上帮	8#	
	4#	锚索受力	顶板	9#	
		锚杆受力	下帮	10#	
		锚杆受力	顶板	11#	
		锚杆受力	上帮	12#	

5.3 矿压监测数据分析

5.3.1 巷道表面变形监测数据分析

表面位移采用人工记录,每 2~3 天进行一次观测。由于 9-301 工作面属于正在生产工作面,主巷不断挖底,副巷不断沿着巷道底板拖移支架,会对顶底板距离测量存在一定的影响。此外,主巷的超前支护支架和副巷放置的工作面富裕支架,对巷道两帮距离的测量也有很大影响。通过数据筛选,共对 5 个断面的数据进行分析,其中 1#、2#、3#监测断面在 9-3012 巷(副巷)内,4#、5#监测断面在 9-3011 巷(主巷)内。

图 5-9 为 1#断面顶底板和两帮位移变化曲线。从图中可以看出,2018 年 11 月 18 日到 2018 年 11 月 27 日,顶底板距离和两帮距离逐渐减小,顶底板距离从 2 890 mm 降低到 2 480 mm,顶底板位移量为 410 mm,两帮距离从 3 420 mm 降低到 3 090 mm,两帮位移量为 330 mm。11 月 27 日到 28 日,顶底板距离和两帮距离突然增大,此时 1#断面距离工作面约 25m 左右。

图 5-10 为 2#断面顶底板和两帮位移变化曲线。从图中可以看出,2018 年 11 月 18 日到 2018 年 11 月 27 日,顶底板距离和两帮距离逐渐减小,顶底板距离从 2 880 mm 降低到 2 580 mm,顶底板位移量为 300 mm。在 11 月 27—28 日,顶底板距离突然增大,其原因可能为开采过程中沿着副巷巷道底板拖拉液压支架,导致底板向下凹陷。11 月 18 日至 12 月 9 日,巷道两帮距离呈现逐渐降低的趋势,两帮距离从 4 300 mm 降低到 3 835 mm,两帮位移量为 465 mm。

图 5-11 为 3#断面顶底板和两帮位移变化曲线。从图中可以看出,在 2018 年 11 月 18 日到 2019 年 2 月 11 日,3#断面顶底板距离从 3 190 mm 降低到 2 720 mm,顶底板位移量为 470 mm,两帮距离从 4 460 mm 降低到 3 970 mm,两

帮位移量为 490 mm。

图 5-12 为 4#断面顶底板和两帮位移变化曲线。从图中可以看出,在 2018 年 11 月 18 日到 2019 年 1 月 31 日,4#断面顶底板距离从 3 770 mm 降低到 3 120 mm,顶底板位移量为 650 mm,两帮距离从 5 720 mm 降低到 5 580 mm,两帮位移量为 140 mm。

图 5-13 为 5#断面顶底板和两帮位移变化曲线。从图中可以看出,在 2018 年 11 月 18 日到 2019 年 12 月 3 日,5#断面顶底板距离从 3 810 mm 降低到 3 200 mm,顶底板位移量为 610 mm;两帮距离从 5 360 mm 降低到 5 100 mm,两帮位移量为 260 mm。12 月 3—5 日,顶底板距离和两帮距离突然变大。

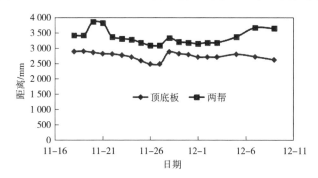

图 5-9　1#断面顶底板和两帮位移变化曲线

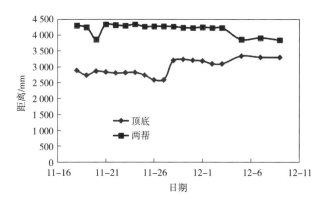

图 5-10　2#断面顶底板和两帮位移变化曲线

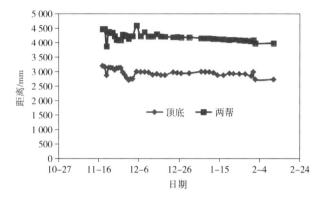

图 5-11　3#断面顶底板和两帮位移变化曲线

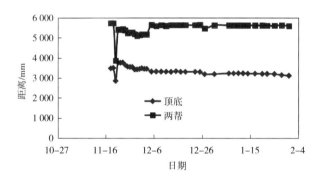

图 5-12　4#断面顶底板和两帮位移变化曲线

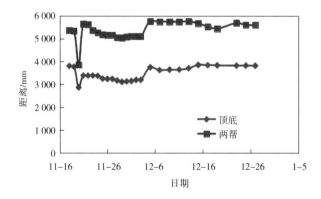

图 5-13　5#断面顶底板和两帮位移变化曲线

5.3.2 巷道围岩深部位移监测数据分析

在各个测量断面的上下两帮分别安设了多点位移计,每个钻孔安装深度分别为 10 m、7 m、5 m、3 m 和 1 m,对应孔号分别为 1#、2#、3#、4# 和 5#。其中 1#、2#、3# 监测断面在 9-3012 巷内,4#、5#、6# 监测断面在 9-3011 巷内。

图 5-14、图 5-15 为 1# 断面上、下帮各测点位移变化曲线。从图 5-14 中可以看出,11 月 30 日—12 月 1 日,测点 1—测点 4 的数值急剧增大,此时 1# 断面距离采煤工作面 18 ~ 20 m。测试期间最大深部位移为 110 mm。

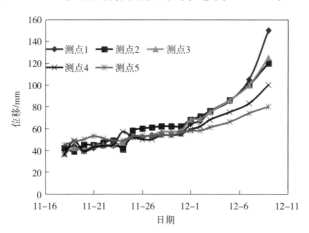

图 5-14 1# 断面上帮各测点位移变化曲线

从图 5-15 中可以看出,11 月 30 日—12 月 1 日,测点 1 ~ 测点 5 的数值急剧增大,此时 1# 断面距离采煤工作面 18 ~ 20 m。从图中还可以看出测试期间 1# 断面下帮各测点最大深部位移为 99 mm。

图 5-16 为 2# 断面下帮各测点数据随时间变化情况。从图中可以看出,12 月 15—17 日,测点 3—测点 5 的数值急剧增大,此时 2# 断面距离采煤工作面 66 ~ 71 m。此外,测点 3 和 4 在 2019 年 1 月 6—8 日也出现了位移急剧增大,此时 2# 断面距离采煤工作面 20 m 左右。而此时其他几个测点由于井下环境复杂而被损坏,无读数。从图中可以看出,测点 2、测点 3 和测

点 4 数据随着工作面推进,呈现不断增大的趋势,且越深的孔,测试得到的位移越大。测试期间测点最大深部位移为 133 mm。

图 5-17 为 2#断面下帮各测点数据随时间变化情况。测试期间最大深部位移 40 mm。从图中可以看出,12 月 5—7 日,测点 1—测点 5 的数值急剧增大,此时 2#断面距离采煤工作面约 100 m。此外,测点 5 在 2019 年 1 月 6 日位移急剧增大,此时 2#断面距离采煤工作面约 20 m。

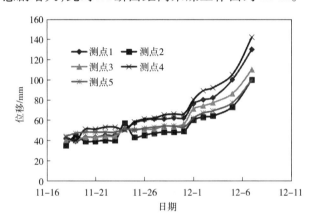

图 5-15　1#断面下帮各测点位移变化曲线

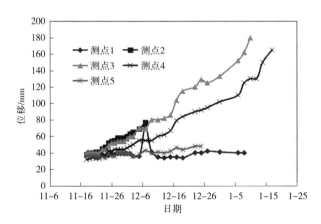

图 5-16　2#断面上帮各测点位移变化曲线

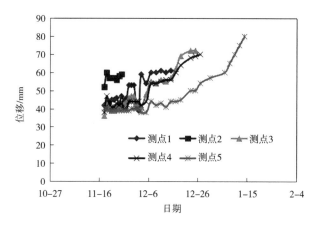

图 5-17　2#断面下帮各测点位移变化曲线

图 5-18 为 3#断面上帮各测点位移变化曲线。从图中可以看出，测点 2 的位移远大于其他几个测点，这说明距离巷道 5 ~ 7 m 区域的离层较大，且随着时间延长，这种离层有增大的趋势。测试期间最大深部位移 100 mm。1 月 28—31 日，测点 2—测点 4 数值急剧增大，此时 3#断面距离采煤工作面 25 ~ 34 m。

图 5-19 为 3#断面下帮各测点位移变化曲线。从图中可以看出，测点 1—测点 5 在 2 月 1 日左右数值急剧增大，此时 3#断面距离工作面 22 m 左右。测试期间最大深部位移为 123 mm。

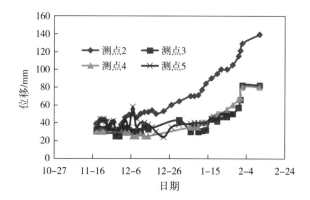

图 5-18　3#断面上帮各测点位移变化曲线

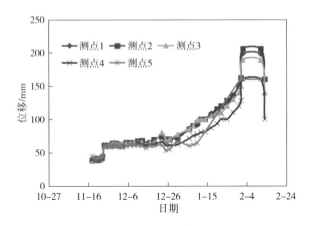

图 5-19 3#断面下帮各测点位移变化曲线

图 5-20 为 4#断面上帮各测点位移变化曲线。从图中可以看出,开始测量期间,各测点位移随时间增加逐渐变大,且增加幅度大致相同。2019 年 1 月 20 日—2 月 2 日,位移增加速率开始增大。在 1 月 31 日左右各测点位移增加速率达到最大,此时 4#测量断面距离工作面约 24 m。测试期间最大深部位移为 99 mm。

图 5-21 为 4#断面下帮各测点位移变化曲线。从图中可以看出,4#断面下帮测点 3 从 2019 年 2 月 1 日后,读数突然增大,可能原因是该测点受到外力作用,被破坏所致。测试期间最大深部位移为 96 mm。

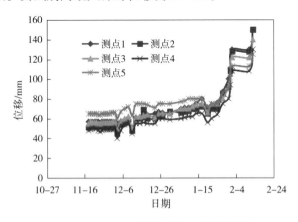

图 5-20 4#断面上帮各测点位移变化曲线

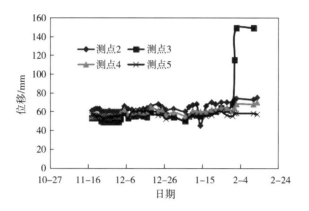

图 5-21 4#断面下帮各测点位移变化曲线

图 5-22 为 5#断面上帮各测点位移变化曲线。从图中可以看出,5#断面上帮各测点测得的位移基本未发生较大的变化,表明该处煤帮深部未发生较大位移。测试期间最大深部位移为 9 mm。

图 5-23 为 5#断面下帮各测点位移变化曲线。从图中可以看出,类似于上帮,5#断面下帮各测点所测位移变化量不大。测试期间最大深部位移为 14 mm。

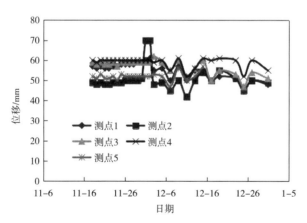

图 5-22 5#断面上帮各测点位移变化曲线

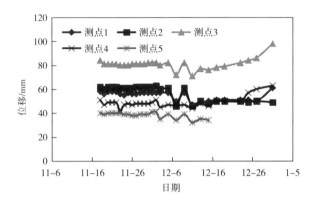

图 5-23　5#断面下帮各测点位移变化曲线

图 5-24 为 6#断面上帮各测点位移变化曲线。从图中可以看出,6#断面上帮各测点位移总体呈现增加趋势,变化较为平缓,测试期间最大深部位移不超过 17 mm。其中,测点 1 在 11 月 23 日左右位移急剧增大,此时 6#断面距离采煤工作面约 27.5 m。

图 5-25 为 6#断面下帮各测点位移变化曲线。从图中可以看出,除了个别异常点外,6#断面下帮较深的测点 1 位移明显大于较浅的测点 2 和测点 3。测点 4 的位移从 11 月 25 日后就呈现较大波动,此时距离工作面 20 m 左右。测试期间最大深部位移为 24 mm。

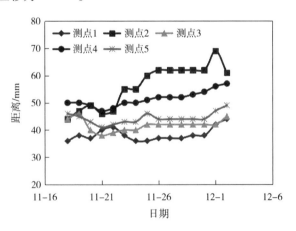

图 5-24　6#断面上帮各测点位移变化曲线

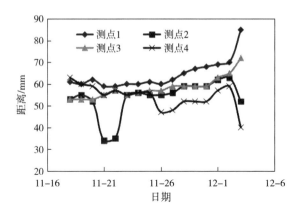

图 5-25　6#断面下帮各测点位移变化曲线

从测试断面布置特点来看,1#断面和6#断面、2#断面和5#断面以及3#断面和4#断面三组断面,距离采煤工作面走向距离接近相等。由监测数据得到:1#断面最大深部位移为90~100 mm,6#断面最大深部位移为10~20 mm;2#断面最大深部位移为40~130 mm,5#断面最大深部位移为9~14 mm;3#断面最大深部位移为100~123 mm,4#断面最大深部位移为96~99 mm。对比发现,同组断面中,9-3012巷(副巷)中各个断面的最大深部位移明显大于9-3011巷(主巷)。其原因在于9-301工作面煤层倾角比较大,巷道周边的煤体也会产生层面滑移。由于9-3012巷(副巷)比9-3011巷(主巷)离顶板近,承受的压力要比9-3011巷(主巷)大,因而其变形量及变形速率更大。在实际生产过程中9-3012巷(副巷)比9-3011巷(主巷)的矿压更加明显。此外,受采空区侧向支承压力,致使9-3012巷(副巷)与上区段采空区之间的煤柱处于残余强度,煤柱整体稳定性较差,也是造成9-3012巷(副巷)巷帮深部位移较大的主要原因。

从走向方向上来看,在距离工作面25~35 m处时监测断面的位移开始受到工作面的采动影响,数值开始急剧增大。此时应加强对巷道围岩的支护强度,保证巷道安全使用。

5.3.3 顶板离层监测数据分析

图 5-26—图 5-31 为 1#—6#断面顶板离层变化曲线。其中 1#—3#监测断面在 9-3012 巷(副巷)内,4#—6#监测断面在 9-3011 巷(主巷)内。

从图 5-26 可以看出,9 m 范围离层值在测试期间一直为 1 mm,极有可能是离层仪故障导致的。顶板 5m 范围内离层值在 12 月 5 日,距离工作面 11.2 m 时,受回采工作面矿山压力的影响,其值开始增大,在距离工作面 8 m 时,又再次增大。最大离层值为 39 mm。

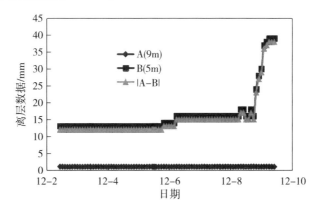

图 5-26 1#断面顶板离层变化曲线

在图 5-27 中,4.5 m 范围内离层值在 2018 年 12 月 16 日和 2019 年 1 月 9 日有突然增大现象,相应距离采煤工作面距离分别为 68 m 和 14 m 左右。12 月 16 日离层值突然增加的原因很可能是围岩断裂后自我调整所致。2019 年 1 月 9 日 4.5 m 范围内离层值突然增加主要是受采动影响所致。

从图 5-28 可以看出,从 12 月 26 日开始离层数据开始大幅度增加,此时 3# 测量断面距离采煤工作面 115 m。2019 年 1 月 19 日开始,除了个别异常点外,离层数据基本维持不变。

从图 5-29 可以看出,2018 年 11 月 18 日—2019 年 1 月 26 日,8 m 和 4.5 m 范围内的离层值均为 1 mm。1 月 26 日后,离层开始大幅度增加,此时 4#测量断面距离采煤工作面约 42 m。这说明,在工作面前方 42 m 左右时开始出现离层速度增加现象。4#测量断面顶板 2 月 2 日—2 月 13 日离层数据由于井下设备损坏而缺失。

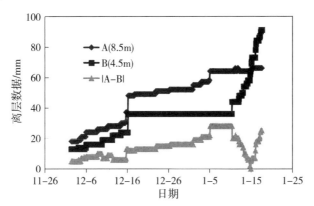

图 5-27 2#断面顶板离层变化曲线

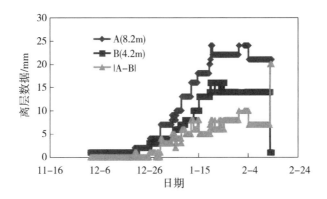

图 5-28 3#断面顶板离层变化曲线

从图 5-30 可以看出,2018 年 11 月 18 日—2018 年 12 月 17 日,8 m 和 5 m 范围内的离层数据基本不变,只有稍微增加趋势。12 月 17 日开始,8 m 范围的离层数值大幅度增加,此时 5#测量断面距离采煤工作面 30 m。

从图 5-31 可以看出,在整个测试期间,8 m 范围内的离层数值一直是 1 mm,即维持离层仪的初始值,这可能是 8 m 基点的猫爪没有和孔壁固定好所致。4 m 范围内的离层值在 2018 年 11 月 29 日—12 月 4 日一直是 1 mm,12

月 5 日突增到了 85 mm。其原因为该处离层在此时已经让进入工作面上隅角处,由于上隅角处矿山压力和支架的反复作用,致使该处出现了明显的离层。

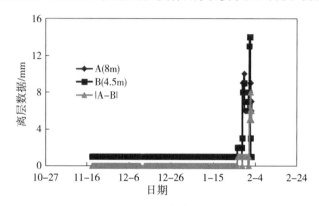

图 5-29　4#断面顶板离层变化曲线

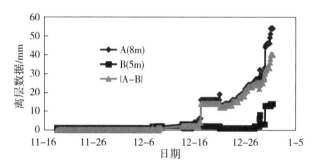

图 5-30　5#断面顶板离层变化曲线

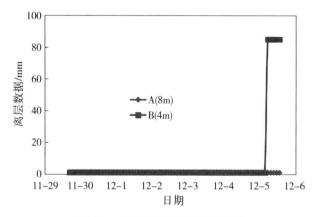

图 5-31　6#断面顶板离层变化曲线

从 1#～6# 断面顶板离层情况分析来看,距离工作面 30～40 m 时,受采动影响,工作面顺槽顶板离层数值开始大幅度增加。此时应加强顶板支护强度。

5.3.4　工作面超前单体支柱压力监测数据分析

图 5-32 为 9-3012 巷(副巷)1# 单体压力表从 2018 年 11 月 14 日至 2019 年 2 月 13 日工作阻力变化曲线图。从图 5-32 还可以看出,1# 压力表在 12 月 7 日、12 月 16 日、1 月 13 日和 2 月 1 日进行了拆装。分析图 5-32 中 11 月 16 日—12 月 6 日的数据曲线可以看出,11 月 18 日—11 月 19 日支柱工作阻力急剧增加,此时采煤工作面距离 1# 单体压力表距离为 42 m。分析图中 1 月 13 日和 2 月 1 日的数据曲线可以看出,在 1 月 28 日时单体支柱工作阻力急剧增加,此时 1# 单体压力表距离工作面 15.3 m 处。

图 5-33 为 9-3012 巷(副巷)2# 单体压力表从 2018 年 12 月 3 日至 2019 年 2 月 13 日支柱工作阻力变化曲线图。分析 1 月 13 日至 2 月 1 日的数据曲线可以看出,1 月 28 日时单体支柱工作阻力急剧增加,此时 2# 单体压力表距离工作面 15.3 m 处。

图 5-34 为 3# 单体压力表从 2018 年 12 月 3 日至 2019 年 2 月 13 日单体支柱工作阻力变化曲线。由于 3# 单体压力表设备故障,不能进行数据采集,因此采用人工每隔 2～3 天记录一次的方式进行数据采集。从图中可以看出,2 月 1 日时单体支柱工作阻力急剧增加,此时 3# 单体压力表距离采煤工作面 22.2 m。

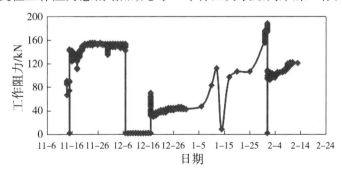

图 5-32　1# 单体压力表工作阻力变化曲线

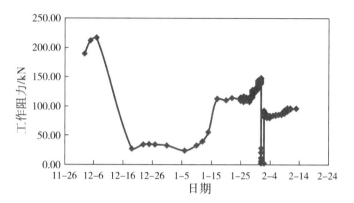

图 5-33　2#单体压力表工作阻力变化曲线

图 5-35 为 4#单体压力表从 2018 年 12 月 3 日至 2019 年 2 月 13 日单体支柱工作阻力变化曲线。从图中可以看出,在 1 月 28 日时单体支柱工作阻力急剧增加,此时 4#单体压力表距离采煤工作面 31.5 m。

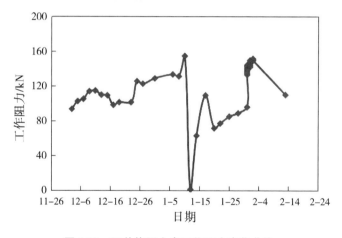

图 5-34　3#单体压力表工作阻力变化曲线

综合以上 1#～4#单体支柱工作阻力变化曲线得到:在距工作面 15.3～31.5 m 时,超前单体支柱工作阻力急剧增加,进入工作面超前支承压力的影响范围,因此工作面超前之后范围应不小 40 m。

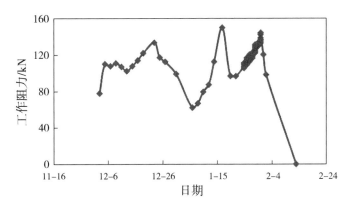

图 5-35 4#单体压力表工作阻力变化曲线

5.3.5 锚杆（索）受力分析

图 5-36 为 1#断面锚杆（索）受力变化曲线。从图中可以看出，12 月 6 日时，锚索（13#）受力急剧增大，此时距离工作面约 12 m。并且下帮锚杆（14#）受力远大于上帮锚杆受力，最大受力 161 kN。

图 5-37 为 2#断面锚杆（索）受力变化曲线。从图中可以看出，锚索（17#）在 11 月 22 日—12 月 19 日受力不断产生波动，是深部顶板运动调整所致。锚索受力在 1 月 5 日时开始急剧增加，此时 2#断面距离采煤工作面约 17 m，锚索最大受力达到 251 kN。并且下帮锚杆（18#）受力远大于上帮锚杆受力，最大受力 142 kN。

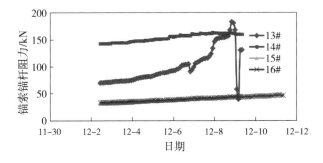

图 5-36 1#断面锚杆（索）受力变化曲线

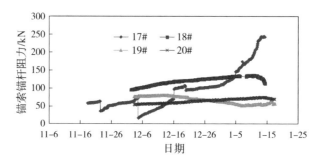

图 5-37 2#断面锚杆(索)受力变化曲线

图 5-38 为 3#断面锚杆(索)受力变化曲线。从图中可以看出,2 月 2 日时顶板锚索(21#)受力急剧增加,此时 3#断面距离采煤工作面约 22 m。

图 5-39 为 4#断面锚杆(索)受力变化曲线。从图中可以看出,1 月 29 日顶板锚索受力急剧增加,此时 4#断面距离采煤工作面约 27 m。

图 5-40 为 5#断面锚杆(索)受力变化曲线。从图中可以看出,12 月 16 日顶板锚索(5#)受力急剧增加,此时 5#断面距离采煤工作面约 31 m。

图 5-41 为 6#断面锚杆(索)受力变化曲线。测试期间,由于部分数据丢失,导致数据点较为稀疏,故不进行分析。

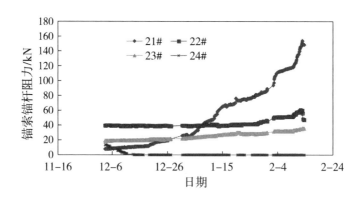

图 5-38 3#锚杆(索)受力变化曲线

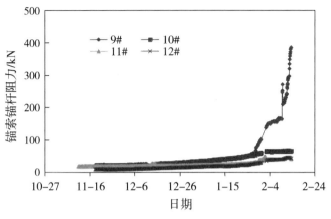

图 5-39　4#锚杆(索)受力变化曲线

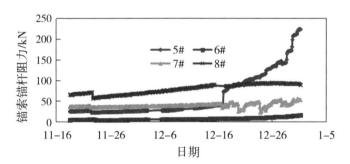

图 5-40　5#断面锚杆(索)受力变化曲线

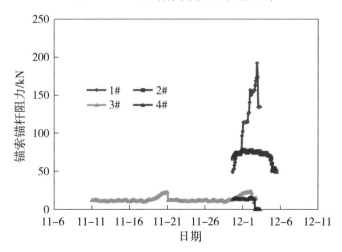

图 5-41　6#断面锚杆(索)受力变化曲线

综合以上分析,得到:

①除了 5#断面外,其他断面均为巷道下帮锚杆阻力大于上帮锚杆阻力。回采巷道上下帮的稳定性不同,巷道上帮受到底板的剪切应力,方向指向煤体内,起到阻止煤体突出作用;下帮受到的剪切应力反向指向巷道,对煤体起到张裂作用,这种作用加速下部煤体的破坏,下帮较上帮稳定性要差,也会造成锚杆受力较大,如图 5-42 所示。

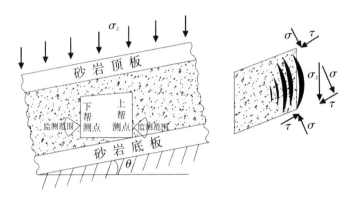

图 5-42　巷道上下帮受力分析

②由于锚杆的长度均在煤体内,锚索悬吊在顶板上,因此顶板锚索受力更大,对控制巷道顶板稳定起主导作用,其最大受力达到了 200 kN 以上。

③对比以上顶板离层图线和锚索—锚杆可以看出,同一测量断面顶板离层增加,则顶板锚索阻力也增加,锚索受力与顶板离层仪的观测结果基本具有一致性。距离采煤工作面 30~35 m 时锚索受力开始大幅度增加。

5.3.6　煤体应力监测数据分析

图 5-43 为 2#断面 4#—6#钻孔煤体应力变化曲线。从图中可以看出,4#、6#钻孔应力在 12 月 2—3 日分别出现突然降低和升高,然后逐渐趋向平稳。5#钻孔在 11 月 22 日—12 月 3 日出现周期性上下波动后,逐渐降低趋向平稳。

图 5-44 为 2#断面 1#—3#钻孔煤体应力变化曲线。从图中可以看出,1#钻

孔和 2#钻孔在 11 月 19 日—12 月 3 日剧烈波动。一段时间后，应力趋于稳定，应力增量在零附近波动。

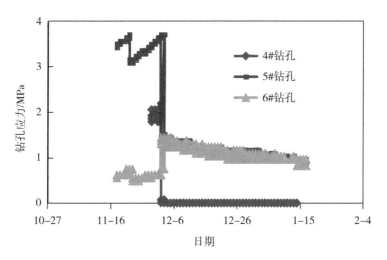

图 5-43　2#断面钻孔应力随时间变化情况

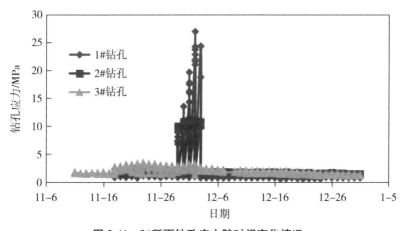

图 5-44　5#断面钻孔应力随时间变化情况

综合以上分析，在采煤工作面距离 2#和 5#测试断面 80～100 m 时，工作面前方支承压力开始对煤体产生影响，从而引起了 2#和 5#测试断面中的煤体应力的变化。但由于工作面煤厚较大，在支承压力的作用下，煤体发生破碎，承载能力降低，导致钻孔应力计卸压，应力趋于稳定。

5.3.7 工作面支架工作阻力监测分析

针对庞庞塔煤矿目前已开采的 9-101、9-301 工作面支架的监测数据,选取其中部分数据做如下分析:

工作面周期来压的判断指标为支架的平均循环末阻力与其均方差之和,计算公式如下:

$$\sigma_p = \sqrt{\frac{1}{n}\sum_{i=1}^{n}(P_{ti} - \bar{P}_t)^2} \tag{5-1}$$

式中:σ_p——循环末阻力平均值的均方差;

n——实测循环数;

P_{ti}——各循环的实测循环末阻力;

$\bar{P}_t$——循环末阻力的平均值。

$$\bar{P}_t = \frac{1}{n}\sum_{i=1}^{n}P_{ti} \tag{5-2}$$

工作面来压依据:

$$P'_t = \bar{P}_t + \sigma_p \tag{5-3}$$

基本顶周期来压强度,即动载系数 K,常作为衡量基本顶周期来压强度指标,动载系数可表示为:

$$K = P_z/P_f \tag{5-4}$$

式中:P_z——表示周期来压期间支架平均工作阻力,单位为 kN;

P_f——表示非周期来压期间支架平均工作阻力,单位为 kN。

（1）9-101 工作面来压统计

利用工作面周期来压的判断指标,确定顶板周期来压依据,计算基本顶周期来压动载系数。庞庞塔煤矿 9-101 工作面部分支架循环末阻力曲线如图 5-45—图 5-48 所示。由于设备故障,前期数据未能导出。监测数据正常采集时工作面已开采 18 m。通过数据整理和分析可知,工作面初次来压步距平均为 37 m,基本顶周期来压步距为 4.8 ~ 7.4 m,平均为 6.1 m,来压期间最大工作面阻力为 35.3 MPa,占额定工作阻力的 94.6%,非来压期间最大工作阻力为 20 MPa,占额定工作阻力的 53.6%,周期来压期间动载系数为 2.57 ~ 2.71,平均为 2.64。并且通过数据分析可知,工作面不同部位支架来压不同步,工作面上部步距较大,中下部步距较小。

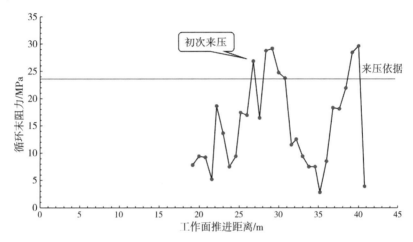

图 5-45　9-101 工作面 15#支架循环末阻力曲线

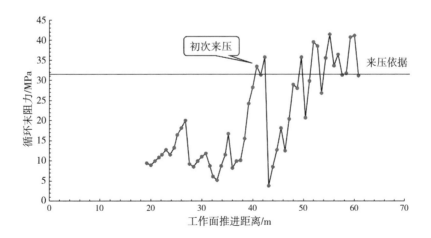

图 5-46　9-101 工作面 20#支架循环末阻力曲线

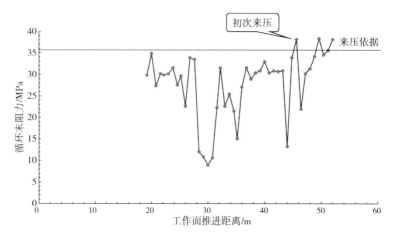

图 5-47　9-101 工作面 60# 支架循环末阻力曲线

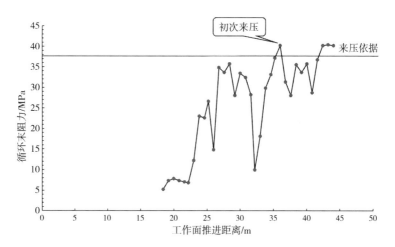

图 5-48　9-101 工作面 80# 支架循环末阻力曲线

（2）9-301 工作面基本顶来压统计

利用工作面周期来压的判断指标，确定顶板周期来压判据，计算基本顶周期来压动载系数。庞庞塔煤矿 9-301 工作面部分支架循环末阻力曲线如图 5-49—图 5-51 所示。通过数据整理和分析知，工作面初次来压步距平均为 26.2 m，基本顶周期来压步距为 4.58 ~ 6.05 m，平均为 5.3 m，来压期间最大工作面阻力为 10 334.58 kN，占额定工作阻力的 86.1%，非来压期间最大工作阻力为 9 375.92 kN，占额定工作阻力的 78.1%，周期来压期间动载系数为 1.05 ~ 1.17，平均为 1.11。通过数据分析可知，工作面不同部位支架来压不同步，工作面上部步距较大，中下部步距较小。

随着工作面推进，支架压力沿工作面倾向方向呈现明显的不均匀性、离散性特点，支架压力整体分布趋势是中间大、两端小，位于采场上部支架压力偏小，采场下部支架压力偏大。且周期来压时会发生煤壁压裂、片帮及顶板垮落等现象，故周期来压期间是大倾角松软厚煤层回采过程中应重点控顶的时段。

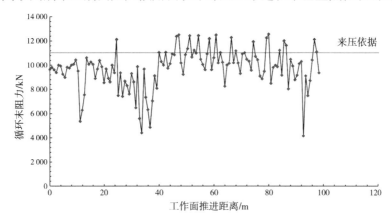

图 5-49　9-301 工作面 20# 支架循环末阻力曲线

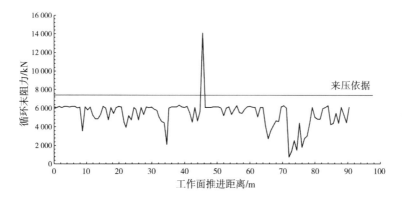

图 5-50　9-301 工作面 59# 支架循环末阻力曲线

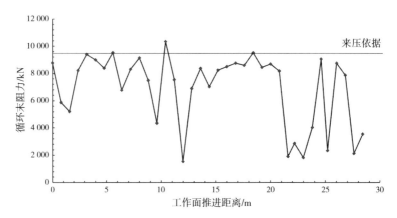

图 5-51　9-301 工作面 110#支架循环末阻力曲线

（3）9-301 工作面主巷超前支架支撑压力分析

图 5-52—图 5-54 为 9-301 工作面主巷内超前支架工作阻力分布曲线。由此可知：

①支架的最大工作阻力多分布在 25 000～35 000 kN。

②当工作面推进 22 m 左右时,超前支撑压力均达到最大值,最大峰值分别为 28 100 kN,36 800 kN,32 300 kN。

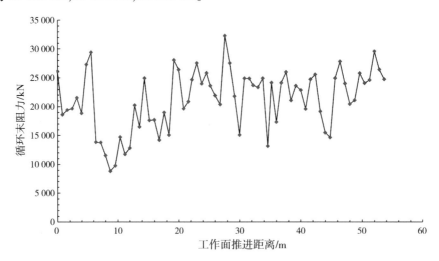

图 5-52　1#超前支架工作阻力变化曲线

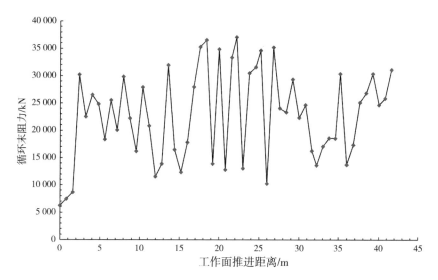

图 5-53　2#超前支架工作阻力变化曲线

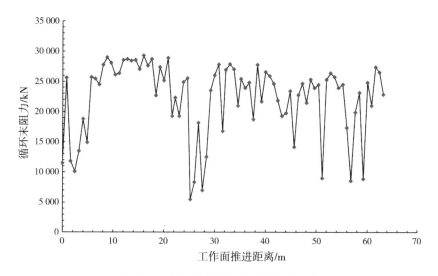

图 5-54　6#超前支架工作阻力变化曲线

5.4　矿压监测结果总结

通过对 9-301 工作面的 9-3012 巷(副巷)和 9-3011 巷(主巷)的布设的巷道表面位移、巷帮深部位移、顶板离层、顶煤运移、工作面超前单体支柱压力、锚杆(索)受力、工作面超前煤体应力的断面监测,统计分析了各项监测数据,得到如下结论:

①巷道表面变形监测表明,9-301 工作面两顺槽顶板移近量和两帮收敛量均较大,位移量大于 400 mm,且距离采煤工作面 30 ~ 25 m 时巷道表面变形开始加剧。

②巷帮深部位移监测结果表明:受倾角影响 9-3012 巷(副巷)中各个断面的最大深部位移位明显大于 9-3011 巷(主巷)。在距离工作面 25 ~ 35 m 时监测断面的位移开始受到工作面的采动影响,数值开始急剧增大。

③顶板离层监测数据表明:距离工作面 30 ~ 40 m 时,受采动影响,工作面顺槽顶板离层数值开始大幅度增加。巷道上方 0 ~ 5 m 范围内离层严重,最大为 15 mm,5 ~ 8 m 范围内离层量较小,最大为 9 mm。

④顶煤位移监测数据表明:工作面顶煤在距离采煤工作面 10 ~ 14.4 m 时开采产生移动。受倾角影响,靠近 9-3012 巷(副巷)的顶煤位移量远大于靠近 9-3011 巷(主巷)的顶煤位移量。

⑤超前单体支柱压力监测数据表明:在距工作面 15.3 ~ 31.5 m 时,超前单体支柱工作阻力急剧增加,进入工作面超前支承压力的影响范围。

⑥锚杆(索)受力监测数据表明:同一监测断面,巷道下帮锚杆受力大于上帮锚杆受力。巷道顶板锚索受力最大,对控制巷道顶板稳定起主导作用,其最大受力达到了 200 kN 以上。距离采煤工作面 30 ~ 35 m 时锚索受力开始大幅度增加。

⑦煤体应力监测数据表明:在距采煤工作面 80 ~ 100 m 时,工作面前方支承压力开始对煤体产生了影响,引起工作面超前煤体中应力的变化。

6 大倾角工作面综放开采安全技术研究

6.1 工作面支架稳定性分析

6.1.1 支架对软煤层的适应性

煤层太软容易造成工作面的片帮冒顶,导致顶板控制困难。由于放顶煤开采的支架上方直接接触的是煤层,而煤层具有塑性,尤其在煤层较软时,顶板压力会通过煤层传递到工作面支架。一方面由于煤层的存在,工作面支架的压力相对较小,但同时其对顶板的反作用力也减小,导致对顶板的切顶效果较差,顶板不易垮落,在顶板不是很坚硬时,上述问题尚不是很突出,但如果顶板坚硬就要采取措施才能保证顶板及时垮落;另一方面,由于煤层承受了顶板的压力,因而变得更加破碎,如果措施不当,就会造成支架上方顶煤冒空,出现支架空顶现象,造成安全隐患。

针对庞庞塔煤矿 9-301 工作面煤层较软($f = 1.16$)的情况,主要可采用如下措施:

1)对于软煤层的开采应加强支护能力。提高支架初撑力并采用整体顶梁提高顶梁前端支撑能力,对于缓减工作面前方煤体的拉应力影响,减缓工作面煤壁片帮冒顶是非常有效的。

2)支架设计采用伸缩梁带护帮机构,对采煤机割煤过后的顶板和煤壁进行有效支护,防止其因变形和应力状态的改变而造成片帮冒顶。

3)为保证极软煤层放顶煤工作面的顺利开采,设计的支架结构应加强密封,防止漏煤和支架顶空。采用整体顶梁长侧护板结构对顶煤进行全封闭;支架顶梁与掩护梁之间采用密封结构;支架掩护梁和尾梁之间采用密封装置;相邻支架尾梁之间采用侧护板进行密封。

4)在极软厚煤层放顶煤工作面条件下,若万一出现支架顶梁上方顶煤失稳情况,支架在"降—移—升"行走过程中,为保持顶煤与支架的正常状态,需采取以下技术措施:

①带压擦顶移架:控制系统采用擦顶移架阀,先操作拉架动作阀,接着操作降柱动作阀,以保证支架顶梁擦顶移架。

②卸压擦顶移架:对于个别底座下陷导致移架困难的支架,在支架卸载同时,操作支架提底千斤顶阀,使支架顶梁不脱离,而底座抬起,从而达到擦顶移架目的。

6.1.2 工作面弯曲布置

大倾角工作面的布置形式直接影响到防倒防滑的效果,如图 6-1(a)所示,大倾角厚煤层在布置工作面设备时,往往下端头有一定的弯曲,逐步递减倾角,增大下端头支架的稳定性,这样布置的优点是在下端头形成一个倾角小甚至水平布置的稳定支撑,推移工作面支架时先下后上,一架靠一架,避免出现倾倒和下滑。缺点是弯曲半径受输送机最大弯曲度的影响,每架最多相对上一架偏转3°。采高较大的支架因为要考虑顶梁宽度既在弯曲段时有一定移架间隙又在直段时能完全封闭顶板,偏转角度还会更小;同时,工作面下端头弯曲部分留有一部分底煤,一定程度上降低了回收率。综合来看这种布置方式便于生产和管理,适用于大倾角、厚煤层工作面。

煤层厚度不大或者倾角相对较小的工作面往往采用图 6-1(b)所示的布置

方式,这种方式和水平布置相近,但工作面没有水平端的稳定支撑,不便于生产管理,也存在一定的安全隐患,这种布置方式的难点是处理好下排头支架下滑的问题,尤其是排头第1架。对于大倾角工作面的布置,往往推荐图6-1(a)所示的布置方式,从整体上提高工作面的稳定性和安全性,简化了输送机和装载机的搭接配合,也便于生产和管理。

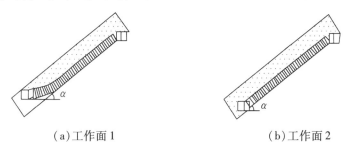

（a）工作面1　　　　　　　　　　（b）工作面2

图6-1　大倾角工作面布置图

6.1.3　工作面伪斜布置

伪斜布置是指将工作面不与运输巷、回风巷垂直布置,与垂直方向存在一个角度,即伪斜角,工作面刮板输送机机头超前机尾一段距离,称为正伪斜,反之工作面机尾超前机头,称为反伪斜。综采工作面采用伪斜布置的特点就是降低工作面倾角,从而使综合机械化采煤能够在倾斜及急倾斜煤层中发挥其最大效益。

根据9-301工作面实际情况,设计9-301工作面伪斜布置参数,9-3011巷(主巷)超前9-3012巷(副巷)10～15 m,伪斜角度为3°～4°。具体布置如图6-2所示。

6.1.4　大倾角综放液压支架防护措施

大倾角综放工作面作业人员的安全必须得到可靠的保障。防护性能是大倾角液压支架的一个最重要的基本性能,这也是防止安全事故发生的重要措施。液压支架防护装置主要有以下两种：

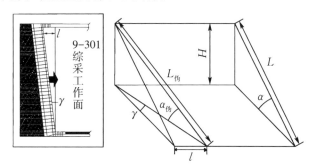

图 6-2　工作面伪斜布置

l—工作面伪斜；γ—工作面伪斜角，$\gamma \in [0°, 90°]$；L—沿煤层倾向布置的真斜工作面长度；
α—真斜工作面倾角，$\alpha \in [0°, 90°]$；$L_伪$—沿伪斜布置的工作面长度；
$\alpha_伪$—伪斜布置工作面倾角，$\alpha_伪 \in [0°, 90°]$；H—工作面回风巷与运输巷高差

①在支架顶梁前端设置可摆动防护板装置。当采煤机割煤经过时，将其收起；当采煤机割过去后，再将其放出，并形成一个隔离煤缝，从而在机道上方无支护空间形成一道安全屏障。

②在工作面上，每隔 5~7 个支架，在支架的前部行人空间纵向方向（垂直煤壁方向）挂一扇柔性挡帘，以缓冲甚至极大降低滚矸、煤块对人的伤害。

6.2　工作面支架稳定性控制技术

6.2.1　支架的稳定性分析

根据文献[83]对支架稳定性进行分析，液压支架在大倾角工作面中正常工作时，在支架自重 G、初撑力 N_1、底板反力 N_2、顶板压力的合力 N、上下邻架间挤靠力 F_1 和 F_2 的共同作用下处于平衡状态，如图 6-3（a）所示。

若支架上述平衡状态被打破，则表明支架所受合力作用点偏出底座，此时支架会失稳。支架失稳倾覆的瞬间，底板反力 N_2 作用于 O 处。

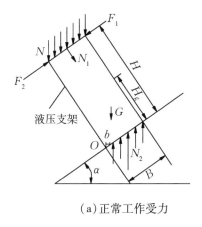
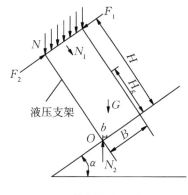

（a）正常工作受力　　　　　　　　（b）抗倒极限平衡

图6-3　支架工作时受力分析图

根据力矩极限平衡条件，如图6-3（b）所示，可得：

$$Gb = (F_1 - F_2)H + (H \sin \alpha - \frac{B}{2} \cos \alpha)N \tag{6-1}$$

$$b = \frac{B}{2} \cos \alpha - H_g \sin \alpha \tag{6-2}$$

式中：b—— 支架自重作用方向与支架底座下边缘的水平距离（自稳力臂），mm；

　　　H—— 支架高度，mm；

　　　B—— 支架底座宽度，mm；

　　　H_g—— 重心高度，mm。

由式(6-2)可以看出，b与H_g成反比，b与B成正比，b与α成反比，即支架重心越低，底座越宽，支架适应倾角和压力的能力越强。

从图6-1可以看出，支架自稳力臂b随支架底座宽度增加而变大，随支架重心高度增加而减小，即支架底座越宽、重心越低、支撑高度越低，支架自重稳力矩则越大，支架抗倾倒能力也越强。上述受力分析中，忽略了支架尾梁所受来自滑落顶煤和矸石的外载作用力。若此外载的水平合力大于支架正常工作时的摩擦力，支架在水平方向上的受力不平衡，支架也会失稳，甚至倾倒。对于庞庞塔矿煤层平均倾角为20°～30°的工作面而言，采空区冒落矸石在重力作用下，会沿底板向工作面下段移动，使得工作面下部采空区充填密实，上部采空区矸石充填不充分,造成工作面上部液压支架倾倒的风险性与复杂性增大。

6.2.2 支架的稳定性控制技术

支架支撑在顶底板之间时,是不需要考虑支架下滑问题的,而支架出现倒架现象,往往是由于支架上方冒空后,顶板局部失去了完整性,且上部煤层有向下移动的空间,当上部煤层垮落时,垮落分力等导致的矿压显现使支架倾倒。由此可见,支架的倾倒、下滑问题,大多是在支架脱开上部煤层(如降柱行走过程)时出现的,因此,应重点研究支架前移过程中的防倒防滑问题。

(1)支架防倒

液压支架的防倒一般有平拉和斜拉两种,平拉在相邻两架或三架间设置防倒装置,即在邻架间顶梁处设置防倒千斤顶,通过千斤顶的作用,既能把支架连成一体增强抗倒性能,又不影响支架的正常推溜和移架。斜拉是在相邻两架间设置由千斤顶和锚链组成的斜拉防倒千斤顶,一端固定在上方支架的底座上,另一端固定在下方支架的顶梁上。

由图 6-2 可以看出,如果支架重心铅直线在支架底座范围内,支架是不可能发生倾倒的,但如铅直线在底座外范围,支架将可能因失稳而发生倾倒。根据公式(6-2),支架的重心高度按 1.5 m,宽度按 1.75 m 计算,大致可得出大倾角综放支架的极限倾倒角约为 32.6°,考虑存在一定的安全系数后,认为支架倾角在 31°以上时工作面支架易出现倾倒现象。

庞庞塔煤矿 9-301 工作面局部区域煤层倾角大于 33°,已大于极限倾倒角,在开采时可采用伪斜方式布置工作面,以减小工作面倾角,同时支架需加防倒防滑装置,主要措施有:

①确保支架顶梁间没有间隙,没有倾倒的空间;支架侧护板设置千斤顶装置和侧推弹簧,保证支架顶梁间相互靠紧,始终有足够的扶正力,防止倒架现象的出现。

②邻架顶梁间增设调架千斤顶,支架出现倾倒时可以以支撑顶板的相邻支架作为支点,采用千斤顶调整该支架位置,如图6-4所示。

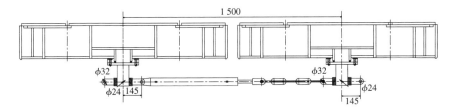

图6-4 顶梁防倒装置

(2)支架防滑

防滑分为支架防滑和输送机防滑。支架防滑是在底座前部或后部设防滑装置。前部在过桥处相邻两架间设防滑千斤顶,相互拉紧防止移架时下滑。后部排头第1架用千斤顶加锚链的连接装置与上部支架相互连接,达到牵拉防滑,连接位置一般是底座,也有采高较大的支架连接在连杆上。其余支架通过调底座千斤顶和顶掩梁侧护板的支撑来防止下滑。支架移架时,牵拉装置暂时放松。到位后,先拉紧,调整支架后再升柱支撑顶板。

输送机防滑一般是在支架底座和输送机之间设置防滑千斤顶,在推拉溜时可以牵制输送机的下滑。对于前部输送机,在液压支架设计时可以适当控制推移装置和底座的间隙,使推移装置能够起到好的导向作用,既能在推溜时控制输送机的下滑,又能在移架时控制支架的下滑。对于放顶煤支架的后部输送机,可以在支架后部连接一个底托架,后部输送机卡在底托架上。支架可以前后滑动,限制左右摆动,也能达到防滑的目的。

支架在前移过程中是否会下滑,关键要看支架下滑力与支架摩擦力谁最终起作用。如支架下滑力大于摩擦力,则支架下滑;否则支架不下滑。如图6-5所示,设支架的受力为 T ,支架的滑动摩擦系数为 μ ,则支架不下滑的条件为:

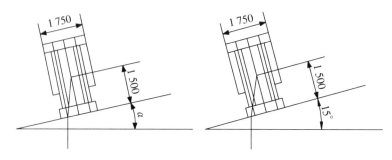

图 6-5 支架下滑极限示意图

$$T \sin \alpha < T \mu \cos \alpha \qquad (6\text{-}3)$$

取支架的滑动摩擦系数 μ 为 0.3，通过计算，可以求出支架下滑极限倾角为 20.1°。所以，当工作面倾角大于 19°时，就需对支架采取防滑措施，主要措施有：

①将大倾角工作面伪倾斜布置，尽量减小工作面开采时的倾角。

②设置推移杆全程导向，推移杆与底座间隙控制在 15～20 mm（单侧）范围内。推移杆在任意位置时，推移杆和底座间间隙保持不变，从而达到控制运输机下滑的目的。

③确保运输机不下滑。支架推移杆和运输机连在一起，运输机和支架连接的耳子可控制支架位置，当运输机下滑时，必然带动支架下滑，同理，运输机上窜也带动支架上窜，因此，在综采工作面控制运输机的位置也就基本控制了支架的位置。在现场实际使用中，可通过控制运输机推移顺序来调整运输机位置：先推机头，可使运输机上窜；先推机尾，则可使运输机下滑。如先推运输机机头，以一次推 8 节槽子为例计算，先推一次机头可将运输机上移约 30 mm。

④相邻支架底座之间设置防滑千斤顶，以较大初撑力支架为支点，调整相邻支架的位置，如图 6-6 所示。

⑤在运输机和支架间设置防运输机下滑装置，可每隔五架设一组，同时推移运输机时，可通过控制防滑千斤顶动作，实现牵引运输机上移，如图 6-7 所示。

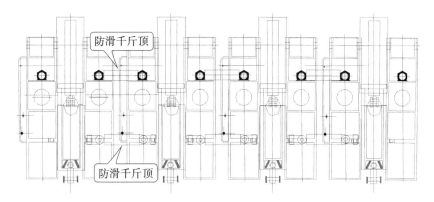

图 6-6　支架间防滑设置图

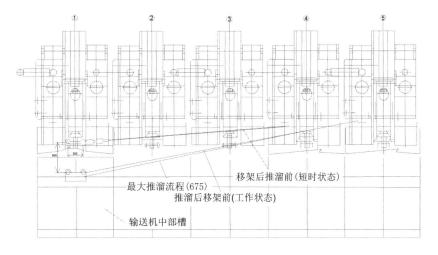

图 6-7　运输机和支架间的防滑装置

6.2.3　其他支架防倒防滑措施

大倾角综放液压支架稳定性分析包括单个支架稳定性控制和相邻支架组间稳定性控制两方面,其目的在于尽量有效提高支护系统稳定性。除上述所提支架防倒防滑问题外,还需采取以下措施提高支架稳定性:

①尽可能选用中心距 1.75 m 或以上型号的支架。在井下运输条件允许情况下,应尽量选用中心距 1.5 m 或以上型号支架,应在保证拉后溜千斤顶空间

情况下尽量加宽底座。

②在保证对顶板支撑强度前提下减轻支架重量。大倾角厚煤层走向长壁开采时,由于支架重量与稳定性呈反比关系,因此,当支护强度能满足要求时,可尽量减轻支架重量,提高稳定性。

③增加初撑力和工作阻力,降低底板比压。加大支架初撑力,工作时充分利用工作阻力,如移架时保持一定阻力,可提高支架稳定性;加大支架阻力时,以不破坏煤层底板为前提,同时需确保支架与顶底板接触状况良好;另外,还需依靠加大底座面积,调整合力作用点位置来降低底板比压。

④控制采高,加快采面推进速度。控制采高也即控制开采时支架的高度,超高开采不仅会降低支架的横向稳定性,也易造成移架、推溜困难。因此,在不降低工作面回采率前提下,控制采高,可提高开采时支架的稳定性,防止架间相互挤、咬架现象发生。

⑤安装导向杆、导向腿、导向轨等机械导向装置。支架的底座安装导向杆,用于导向,在移架时控制方向。同时,架间调整利用调架千斤顶,设置在相邻支架,在移架过程中对支架行进调整。导向腿装与输送机或推移梁相连,安置在相邻支架的底座,可保持支架间距和控制其移动时方向,并兼具相当的防滑特性,被用来控制整体移动的支架。导向轨和装在支架上的调架千斤顶一起,起到导向防滑和调架的作用,安装在底座间。但要注意的是,在煤层倾角较大时,这几种装置不能完全消除走偏现象,其运行的效果取决于导向装置的配合间隙,常需配合液压调架装置使用,才能获得较好的效果。

⑥安装活动侧护板带有活动侧护板的掩护型支架顶梁和掩护梁上的活动侧护板可以起到导向、调架、防倒、防滑的作用。当倾角较大时,需要加大活动侧护板的液压推力,并采取两侧可活动的结构。

⑦防止支架下滑采用伪斜工作面布置,下端超前的伪斜采面更加有效防止支架下滑,是液压支架防倒滑优先采用的布置方式。及时调架作为采高增大的伪斜工作面重要的技术措施,可有效调整架间距离不均,防止因采高过大导致

支架歪斜概率。

⑧安装防倒防滑千斤顶。为了阻止支架的滑倒,可采用防倒或防滑千斤顶的方式,这类千斤顶均安置在液压支架上、能够在移架时提供推力,以防止支架下滑,倾倒,并进行架间调整。另外,可活动侧护板也可用于架间防矸和调架作用,而此类侧护板均安装在掩护支架上。

6.3　综放工作面煤壁稳定性控制

6.3.1　综放工作面煤壁力学分析

大倾角综放工作面开挖后,煤壁一侧为自由区域,煤壁处于两向或单向受力状态。煤壁的松软煤体在矿山压力作用下产生塑性破坏,容易发生片帮和冒顶现象。片帮和冒顶会影响煤壁对工作面上覆顶煤和岩体的支撑作用,同时影响工作面支架与围岩的相互作用关系,反过来这又会进一步加剧片帮和冒顶,对采场顶板的控制产生不利影响。

综放开采的工作面在推进过程中,煤壁前方煤体中的应力重新分布,松软的煤层在超前支承压力作用下易产生新的格里菲斯破坏,节理、裂隙的增加,加大了煤壁的塑性破坏。在顶板压力的作用下,处于松软塑性状态的煤壁会因拉应力的作用而产生破坏,且主要表现为水平方向的拉应力。在竖直方向上则以剪切应力为主,且远大于水平方向上的。

煤壁处一侧为实体煤,另一侧为无支护的自由区域,由于矿山压力的作用,煤壁处的煤体在拉应力的作用下,会向自由侧移动,造成煤壁破坏,即所谓的片帮。煤壁受力模型可视为平面应变问题,如图6-8所示,取工作面煤壁前方一定宽度煤体,煤体的前、下两侧的变形是固定的,顶煤受到矿山压力所形成的支承压力作用,而煤壁靠采空区一侧是自由区域。

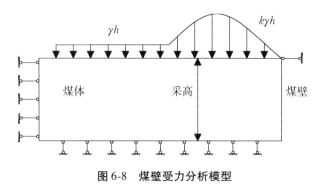

图 6-8　煤壁受力分析模型

h —上覆岩层厚度,单位为 m; γ —岩层体积重度,单位为 kN/m^3; k —应力集中系数

6.3.2　煤壁稳定性控制技术

稳定的煤壁不但能够保证对上覆煤岩的有力支撑,还能够维护支架与围岩的相互作用关系,达到对采场顶板控制的良好效果,确保安全生产。由于煤壁—支架—顶板是一个支护体系,所以煤壁稳定性的控制措施不但要考虑煤壁本身,还要考虑支架的结构、性能和开采工艺。具体的控制措施有:

①合理提高初撑力和工作阻力。合理提高初撑力和工作阻力,可有效提高支架工作状态的稳定性,也即现场所谓的"支得牢、稳得住"。因此在设计支架时,应尽量选用较大缸径立柱和大流量阀。支架的有效支撑可以减小煤壁的支承压力,降低煤壁片帮的概率。

②带压及时支护。煤壁在无护帮板侧护的情况下,处于单向受力状态,受力方向指向自由空间,侧护板对煤壁施力后,煤壁变为两向或三向受力状态,从而大大提高了煤壁的抗压强度,也提高了煤壁的稳定性。同时,侧护板还能够隔挡煤壁或顶煤上崩落的煤块,降低对人或设备造成伤害的概率。

滞后采煤机组 1~2 架时,马上带压移架支护顶煤,可以使支架顶梁与顶煤及时接触,减小煤壁前方的支承压力,避免或减轻片帮现象。

③加快推进速度。工作面推进速度越慢,超前支承压力作用于煤壁的时间越长,煤壁发生格里菲斯塑性破坏和片帮的程度就越严重。反之,加快工作面

推进速度,降低超前支承压力对煤壁的作用时间和片帮破坏的允许时间,则可以避免或减小片帮的可能性。

④控制采高。随着采高的增加,煤壁在重心升高的情况下稳定性逐渐变差,片帮程度会越来越严重。因此应合理控制采高,既要保证煤壁的稳定性,又要考虑煤炭回收率。

6.4 综放开采安全技术措施

6.4.1 设备防倒、防滑方法

(1)回采工艺

①工作面生产过程中,工作面采取双向割煤方式,根据顶板情况采取端头或中部"∞"形斜切进刀方式。

②工作面在生产过程中有效控制溜子上窜下滑,将工作面调成伪倾斜(主巷超前副巷调斜角度2°~8°),确保前后溜与转载机搭接点符合作业规程规定。同时,能够有效控制溜子上窜下滑位移量。根据工作面倾角变化随时调整主副巷超前距离,调整推溜方式,使工作面每推进一刀拉移支架产生的上下位移量基本抵消溜子拉移一刀的上下位移量。

③在顶板破碎、构造区域铺设双层菱形网、垫设板梁或施工锚索构顶,锚索长度不小于4.3 m的超前锚索(单体锚索或工字钢锚索)进行固定及强行托顶(保证锚索能锚入坚硬顶板进行有效支护),进行托顶煤。

④工作面正常生产过程中,放煤工要控制好放煤量,放煤过程中严格执行见矸关门,严禁把顶板放空;顶板破碎、支架倾斜区域不进行放煤量,防止支架上方放空、导致支架失稳倒架。

（2）支架防倒防滑方法

1）支架防倒防滑主要设施

①严格控制采煤机高度，保证顶底板平整，使液压支架与顶底板接触严密，保证支架有足够初撑力，防止支架下滑。

②工作面移架时，必须带压移架，移架时使用侧护板和抬底油缸，及时调整支架状态，保证支架平稳可靠，前立柱初撑力不低于 24 MPa。

③拉移支架时采取带压擦顶移架，少降快拉，减少空顶时间，控制好顶板；移架后支架与顶板应接触严密，严禁支架上仰下倾，并每班不少于 2 次补液，保证初撑力达到规定要求。工作面局部片帮、顶板漏矸，端面距超过规定时，应及时移架接顶实现对顶板的超前支护。

④在生产过程中，应保证工作面的工程质量，保持支架不歪、不咬、不挤，移架过程中及时调整支架，严禁多拉或少拉。

⑤加强支架初撑力的管理，严格控制工作面相邻支架的错茬，严禁错茬超支架顶梁侧护板宽度的 2/3。

⑥拉架时以下方支架为导轨前移，支架间距超过规定时，先调底座间距，然后再调倾斜度，调整以后再拉支架，防止个别支架下倾造成中部倒架。调架时可采取两人分别操作相邻两架，一人负责拉架，一人操作下方支架侧护板。两人操作时，其他人员撤到前后三架支架以外。

2）过渡支架防倒滑主要措施

①工作面下端头采用 ZFT25000/23/45 型端头支架，1#、2#端头支架安装有防倒油缸，能保证端头架的稳定性；工作面机头过渡支架（排头架）顶梁紧靠端头支架顶梁，能有效控制过渡支架防倒，如图 6-9 所示。

②过渡架拉架时，以端头架侧护板为导轨前移，达到调整支架的作用。当支架出现失稳现象时，利用支架的侧护、调架千斤顶、单体柱及时靠正支架。

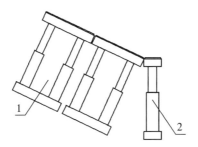

图 6-9　过渡支架防倒示意图

1—过渡支架;2—端头支架

3）排头支架防倒滑主要措施

①下排头支架组由 5 架组成,下三架的顶梁与上三架的底座用千斤顶和圆环链拉紧,用来防倒;下三架底座前段用两个带十字连接头的千斤顶互相拉住,用来挑架;下三架还装有由千斤顶和圆环链组成的防滑装置。四、五架在工作面倾角大于45°或工作面下端顶板大面积破碎时使用,借以拉住下三架。在移架过程中,防倒千斤顶油路中的液控单向阀关闭,中流量安全阀溢流,以确保下架不倾倒。

②上排头支架组由三架组成。由于受输送机传动装置限制,该三架支架的底座滞后正常支架一个移架步距,它们的顶梁、推移杆和侧护板都相应加长。为了保证对顶板的正常支护,在加长顶梁下面增加一个辅助千斤顶和调节其下端支撑位置的调节千斤顶。上排头支架组成仅有防倒装置,而无调架和防滑装置。当由下向上移架时,应先移 1 架,后移其下方的支架,否则两架的侧护板会错开而漏进矸石。

4）中间支架防倒滑主要措施

①支架间距超过规定时,先用底座靠架油缸调底座间距,然后用支架侧护板靠架调倾斜度,保持支架平稳,杜绝前倾后仰,防止支架下倾造成中部倒架。

②当支架倾斜严重时,利用支架侧护、单体液压支柱及时调整,保证支架平直、稳定。

（3）支架倒架、咬架单体柱调整方法

①处理倒架时，先将所处理支架上方 5 架支架升紧，确保初撑力达标；将所处理支架降下 200 mm，使用 2 根单体柱进行靠架，将第一根单体柱柱头顶在所靠支架顶梁上，柱根顶在下方相邻支架底座上，第二根单体柱柱头顶在所靠支架尾梁上，柱根顶在下方后溜槽座上，实行远程注液操作将支架底座调平，然后升紧支架，调架时自上而下逐架进行调整。

②单体柱支设好后，指派一名有经验的工人进行拉移支架，在拉架过程中，还需要配合侧护板进行；同时单体柱进行远程供液，把顶梁调平，利用支架抬底油缸、侧护板，提起倒架一侧底座，在底座下方垫入板梁、道木等，最后升紧支架。调整支架时，要求自上而下逐架进行调整。

③为了防止支架在拉移后继续有倒架趋势，采用单体柱戗柱支架，支设位置同靠架支设位置相同。

④机组割煤时，采用追机拉架或带压移架方法；当工作面片帮深度大时，超前拉架后再进行割煤。

⑤机组到达支架倒架区域时，机组割一架煤后，将机组退后 10 m 以外，将工作面所有运转设备进行闭锁，在进行靠架作业，靠架工艺同上。

（4）采煤机及电缆防滑方法

①MG500/1180-WD 型采煤机设有变频器和液压闸，当采煤机下行割煤时，采煤机的下滑力大于采煤机所受阻力的情况下，通过变频器改变牵引电机的电源电压和频率实现对牵引电机的调速，有效控制采煤机下行速度；当采煤机停机时，液压闸动作，阻止机组下滑。

②采煤机电缆防滑：采用用自制防滑装置安装在机尾托缆槽上，割煤过程中通过操作防滑装置的手把，慢慢下放托缆，防止托缆下滑，停止割煤时则将防滑装置刹车手把用双股 8#铁丝与托缆架固定牢固，托缆防滑装置操作人员派专人操作。

③工作面动力电缆防滑:工作面除采煤机电缆外其余电缆全部安装在前溜电缆槽,为防止电缆下滑,每隔 10 m 使用吊装带将电缆捆绑与溜槽固定。

(5)刮板输送机防滑方法

①设置防滑千斤顶,工作面每隔 10 ~ 15 架设置一个防滑千斤顶,其一端与刮板机中部槽连接,另一端与液压支架底座相连,如图 6-10 所示,推移刮板输送机时将防滑千斤顶拉紧。

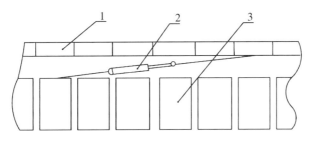

图 6-10　刮板输送机防滑油缸使用示意图

1—输送机;2—防滑千斤顶;3—液压支架

②因后部刮板输送机采用圆环链软连接,在设备出现下滑影响出煤时,可通过调整链环长度调整支架下滑,在回采过程中必须严格执行从下往上移溜顺序,在输送机下滑严重影响出煤时可采取缩溜槽的方式进行处理。

(6)防窜矸方法

①为确保作业人员操作安全,在支架立柱前方全断面加设挡矸网,将工作面架间通道与机道隔开,挡矸网规格:长×宽＝5 000×1 500 mm,挡矸网采用 ϕ 6 mm 钢丝绳编制,网孔间距 130 mm×130 mm,网与网对接采用 8#铁丝相连,所有作业人员在支架前后立柱之间通行。

②增加前溜机头正前处转载机挡煤板的高度,防止矸石从工作面飞出。

③在前后刮板输送机机头正前安装钢丝绳拦矸网,在主巷超前段拉设警戒(由转载机司机负责),溜子司机在前后溜头之间(1#端头架,2#与 3#立柱中间位置)安全位置进行作业。

④人员进入机道作业挡矸网安设标准:挡矸网采用 φ6 mm 钢丝绳编制,网孔间距 130 mm×130 mm,使用 φ9.5 mm 钢丝绳与"C"形钩配合(3′钢丝绳),在支架前梁(2 道)、护帮板、前溜刮板链及齿条处固定挡矸网,挡矸网必须能对机道全断面遮挡,两道挡矸网间距不超过 10 m。

6.4.2　安全技术措施

(1) 支架倒架、咬架调整安全注意事项

①施工前,必须加强顶板管理,必须提前对顶板进行维护,坚持"敲帮问顶"制度及时处理顶、帮活矸以及各种隐患,确认工作地点安全可靠后,方可进入作业。

②人员在抬运单体柱及 π 形梁时,必须口号一致,并同肩、同起同放,严禁单独作业或不同肩抬运。

③严禁使用损坏的单体液压支柱。

④移架之前,必须将架前架内的浮煤清理干净,以免影响靠架。

⑤靠架时,认真检查管路有无被挤现象,防止胶管和接头损坏,发现隐患及时处理,确保作业安全。

⑥远程供液方法:将液压枪液管插在 5 m 外的备用阀组上,然后用双股绑丝将液压枪手把与枪绑在一起(此时液压枪为打开状态),待人员全部撤离到 5 m 外的安全地点后,由一名拉架工进行拉架作业,同时另一名拉架工操作备用阀组手把对单体柱进行供液,确保支架在前移过程中及时靠正。

⑦注液时,注液枪与单体柱三用阀嘴固定牢靠,注液枪与高压胶管必须使用专用"U"形卡固定,严禁用铁丝替代"U"形卡。注液时,缓慢匀速注液,防止注液枪滑脱伤人。

⑧调整支架时,要求自上而下逐架进行调整。

⑨顶板破碎带及煤壁片帮带的移架工艺:

a.工作面机组割煤后拉架实行追机作业,机组割煤过顶板破碎段时割底刀,拉架工采用带压移架法,及时少降前梁带负荷移架,及时支护,移至作业规程规定的最小控顶距。

b.顶板破碎带采用带压擦顶移架方式进行控制顶板,移架后将前梁插板伸出、打出护帮板护帮。

c.前梁插板与护帮板操作工艺:顶板破碎带,在前梁插板伸出情况下拉架过程中,应边拉架边收回前梁插板,支架前移后,将前梁插板完全伸出,打出护帮板护帮。

⑩调整支架由五人进行操作完成,一人进行操作支架,两人负责扶柱、抬柱,一人负责注液及其他配合工作,一人负责观察支架情况。副队长指派专人在现场设置警戒,无关人员一律撤离至警戒区外。

⑪支架因顶板破碎及其他原因无法正常拉移,使用单体柱戗架时,单体柱支设所选支设区域必须能将单体柱卡紧,并有班组长或跟班队干现场监督指挥,安全员全程监督。

⑫单体柱使用时,柱头柱根必须进行捆绑牢固,严禁拉架人员站立在单体柱正下方操作支架;若情况特殊时,采取邻架操作方式进行移架。

⑬处理倒架时,必须由跟班队干、班组长现场指挥,确保作业安全。

⑭所使用单体柱长度必须与所戗作业相符,严禁使用过长或过短单体柱,防止角度不合理崩柱。

⑮单体柱支设所选区域必须能将单体柱卡住,因现场条件变化,单体柱无法按上述规定的位置和方法进行戗架时,必须有跟班队干、班组长现场确定并监督指挥,安全员全程监督。

⑯所有戗移设备、支架单体柱松柱时,必须先将远程注液阀组手把及设备、支架拉移手把打到"零"位停止供液后再进行松柱;松柱时先将液压枪拆除,人员避开单体柱泄液后掉落下方进行泄液操作,泄液后由三人配合将单体柱柱头、柱根固定8#铁丝拆除(两人扶柱、一人拆除铁丝)。

（2）防止滚矸滚煤块伤人安全注意事项

①采煤期间，机组司机开机时必须站在支架行人通道内操作，机组靠工作面下部一侧的排道内严禁有人员作业及行走。人员通行时，必须在支架行人通道内行走。

②在前溜与转载机搭接点安装挡矸网，生产过程中，下端头作业人员及溜子司机应站在前后部溜子之间，且能观察到溜子运行状况的地点，严禁站在溜子正前方。

③若大块煤矸滚入支架前方通道时，停机闭锁机组后进行处理，并不得拉移处理点上方支架；处理时，必须先对处理点上方 10 m 内是否存在片帮滚入机道、所处理大块煤矸是否稳定进行检查，确认安全后使用风镐或大锤破碎，同时人员应在靠支架侧并站立稳妥，不得在煤矸滚落方向下方侧操作；情况严重时，必须有跟班队干现场指挥处理。

④工作面前溜运行期间，严禁人员从下端头通行，由转载机司机负责警戒，在距工作面 5 m 外拉警戒绳并挂"禁止通行"警示牌板。

⑤人员进入机道作业。

a. 人员进入机道作业或支架立柱溜子中间时必须先停机、闭锁设备，且安排专人检查支架是否全部支护到位、护帮板是否全部打开护帮，并安装支架阀组限位装置，机道内有人作业时，严禁操作作业地点及上方的支架；并且对作业地点上方煤壁使用专用长柄工具进行敲帮问顶、处理活矸。

b. 机道作业时，活矸处理完毕后，在作业地点上方设置两道挡矸网，安设挡矸网时，由跟班队干安排有经验老工人使用专用工具对安设位置上部进行敲帮问顶，经安全员及跟班队干现场验收后方可进入机道进行挡矸网安设作业。

c. 铺设挡矸网时作业人员不得超过 2 人，并安排专人进行监护，保证作业人员退路畅通，出现异常情况立即撤出作业人员。

d. 安全员负责对工作面敲帮问顶执行情况、挡矸网铺设质量进行监督检查，否则严禁进入机道作业，人员在机道内作业完成后，及时将挡矸设施进行回撤。

（3）其他安全注意事项

①采煤机割煤割煤后，及时推移前部输送机，采煤机停机时，两个滚筒落地，滚筒切入煤壁，停电闭锁。

②日常加强机组检修维护，保证机组各系统完好可靠；检修时，在采煤机下方垫道木，防止检修期间突然下滑伤人。

③采煤机司机坚持正确操作采煤机，并持证上岗。未经专门训练、培训的人员严禁操作采煤机。

④大块矸停止滚动后，及时通过架间通讯装置闭锁前部溜子，同时闭锁采煤机，采用人工使用风镐将大块矸或大块煤体破碎。

⑤工作面在调整层位过程中，保证工作面直线度、平整度，控制好前后部溜子上窜下滑，确保工作面正常生产。

⑥靠架调整时，发现顶板破碎严重，及时对顶板破碎区段铺设铁丝网、并注浆进行维护，待顶板稳定后方可进行作业。

⑦采煤机下行割煤时，司机必须缓慢匀速，不得忽快忽慢，机尾拖缆防滑装置安排专人看护，看护人员随着采煤机的运行速度使用防滑装置刹车手把缓慢下放钢丝绳，若中途停机，拖缆防滑装置看护人必须使用双股8#铁丝对刹车手把进行固定，防止拖缆下滑。

⑧跟班队干应做好现场的安全管理、监督、指挥工作，制止职工违章操作，保证施工安全。

⑨人员需进入机道内检修及其他作业时，必须严格执行敲帮问顶制度，对上方10 m范围内煤帮及架间活矸进行处理，并在作业点上方5 m处挂挡矸网；作业时在溜槽内垫设煤矸，防止踩在溜槽上滑倒伤人。

⑩在工作面使用单体柱及板梁时，必须存放稳妥，并使用双股8#铁丝与附近设备固定防止下滑伤人。

7 大倾角综放开采放煤工艺研究

7.1 数值计算方法与内容

7.1.1 PFC2D 软件简介

PFC2D(Particle Flow Code in 2 Dimensions)由美国明尼苏达大学和美国奈斯卡咨询集团(Itasca Consulting Group,Inc.)开发,其离散单元分析中两单元之间相互关系,采用压缩弹簧和剪切弹簧以接触力的形式来模拟。PFC2D 现已广泛应用于岩土、矿冶等领域。PFC2D 颗粒流程序主要通过离散单元方法来模拟圆形煤颗粒介质运动及其相互作用,它采用数值方法将岩层分成有代表性的多组颗粒单元,通过颗粒间的相互作用来表达整个宏观物体的应力响应,从而利用局部的模拟结果来研究边值问题连续的本构模型。

本项目数值模拟采用 PFC2D 二维颗粒流程序,主要通过离散单元方法来模拟松散煤介质的运移规律及其相互作用。

7.1.2 模型建立与研究内容

根据试验的实际情况和岩石力学实验结果,模拟的实际距离取为 26.25 ~ 35 m,考虑到岩石的尺度效应,最终确定的模拟计算采用的岩体力学参数如表

7-1 所示。

表 7-1　煤岩力学参数

岩层	厚度	密度 /(kg·m⁻³)	抗拉强度 /MPa	内摩擦角 /(°)	弹性模量 /MPa	内聚力 /MPa	泊松比
L_1 灰岩	5.70	2 988	5.10	29	11 279	23.26	0.23
9#煤层	11.8	1 420	0.57	35	3 865	3.35	0.33
泥岩	1.89	2 923	3.26	34	8 179	10.78	0.29

构建 PFC2D 放顶煤计算模型,其中顶煤块体大小为 100 ~ 200 mm,按高斯随机分布考虑,为减少机时,加快计算收敛速度,舍掉大量的过大或过小的块体。通过颗粒簇模式显示最初煤层受力状态如图 7-1 所示,在未采动的情况下,煤体处于整体状态,并未形成散体流动介质。

对于放顶煤开采来讲,工作面上方为"支架—顶煤—顶板"结构,顶煤放出的多少、位置及速度都会影响顶板的受力状况,自然也会影响支架的支撑效应,即影响"支架—顶煤—顶板"结构体系的稳定性。因此,在放顶煤开采过程中放煤步距影响到顶煤放出的多少,放煤方式关系到顶煤放出的位置,不同的放煤步距和放煤方式,顶煤的放出速度和效果不同,也决定了维持"支架—顶煤—顶板"结构稳定性的难易程度不同。同时,采取合理的放煤工艺,也有助于控制采场顶板来压和提高综放开采回采率。

分别建立 9-301 工作面倾向剖面模型和走向剖面模型(图 7-1、图 7-2)。利用倾向剖面模型研究煤层倾角、放煤方式对顶煤回采率的影响;利用走向剖面模型研究放煤方式对顶煤回采率的影响。

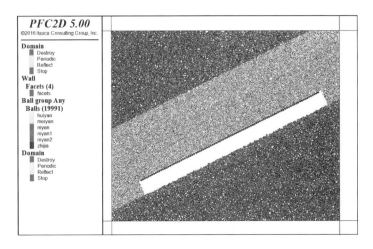

图 7-1　9-301 工作面倾向模型

图 7-2　9-301 工作面走向模型

7.2　煤层倾角对顶煤回采率的影响

本项目模拟试验进行了煤层倾角 15°、25°、35°放顶煤试验,对比煤层倾角 15°、25°和 35°时回采率的变化,模拟的放煤方向为由下往上放煤。通过模拟统计分析顶煤回采率,煤层倾角为 15°时回采率为 79.2%,煤层倾角为 25°时回采率为 76.3%,煤层倾角为 35°时回采率为 74.2%,由此得出随着煤层倾角增大回采率逐渐减小的规律,如图 7-3—图 7-5 所示。

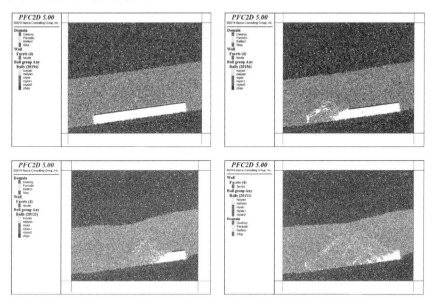

图 7-3 煤层倾角 15°时放煤效果

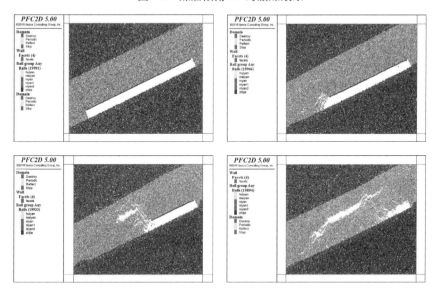

图 7-4 煤层倾角 25°时放煤效果

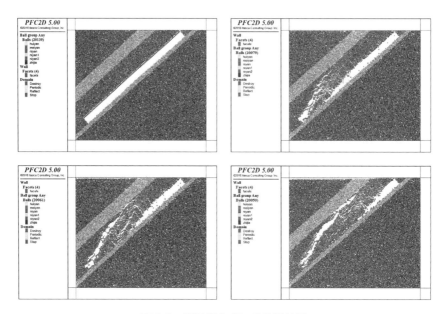

图 7-5　煤层倾角 35°时放煤效果

7.3　放煤步距对顶煤回采率的影响

放煤步距是指两次放煤之间工作面推进的距离,合理的放煤步距对提高采出率,维护采场顶板的稳定性至关重要。考虑当前现场常用的放煤工艺方式,将分析两种工艺方式:一刀一放(放煤步距 0.8 m)、两刀一放(放煤步距 1.6 m)。两种放煤步距的数值模拟分析,如图 7-6、图 7-7 所示。

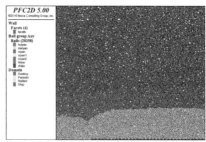

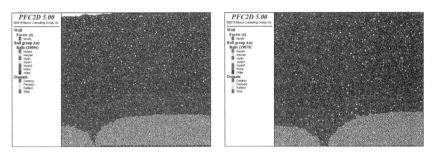

图 7-6 一刀一放顶煤运移特征

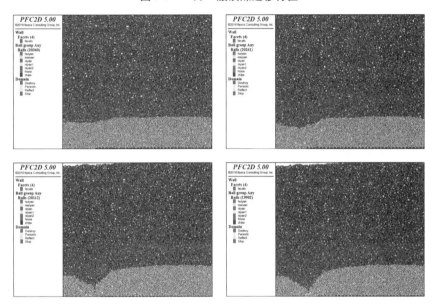

图 7-7 两刀一放顶煤运移特征

对照图 7-6、图 7-7 所示,在保证回采率的前提下,可分析放煤步距对顶板(煤)稳定性控制的影响。如果放煤步距过大,明显大于放煤椭球体短轴,支架上方的矸石先于步距范围内的顶煤到达放煤口,采空区方向会形成"脊背"煤损。放煤步距越大,"脊背"煤损越多。"脊背"煤损的支撑作用使支架上方顶板的受力状况发生变化,顶板的破碎呈现非均匀性,因此不同支架顶梁后部及尾梁的受力作用差别较大,不利于支架的稳定性,影响支架整体的支护效果。同时,放煤步距过大,支架上方大量破碎顶板和煤体对支架的冲击增大,也会对支架的稳定性造成影响。如果放煤步距过小,明显小于放煤椭球体短轴,采空区的矸石会先于顶煤到达放煤口,造成矸石放出而煤保留,同样不利于支架对顶板的控制。通过上述模拟可知,采一放一(放煤步距 0.8 m)的放煤模式较另外一种合理,顶部及采空区侧矸石能同时到达放煤口位置,利于支架对顶板的控制。

7.4 放煤方式对顶煤回采率的影响

放煤方式是指放煤顺序,每个放煤口放煤次数和放煤量,以及沿工作面同时开启的放煤口数量等组合放煤方法的总称。放煤方式不但会影响顶煤的采出率、含矸率及放煤速度,而且对采场顶板系统也会产生重大影响。大倾角松软厚煤层综放工作面放煤方式有 3 种,分别为单轮顺序放煤、单轮间隔放煤、多轮顺序放煤的顶煤移动颗粒流情况。

模型以 9-301 工作面为背景,建立在 3.2 m 采高条件下,以 35°大倾角煤层为例。模型采用连续 4 组支架为一组,共设定了两组支架模型,按以下 3 种方案分别模拟,并且对不同放煤方式放煤效果进行了分析比较:

①单轮间隔放煤(图 7-8):首先打开 1#、3#等单号支架上的放煤口,到放煤口见矸时关闭放煤口,此时,放煤口留下一定的脊煤。滞后一段距离再进行双号支架放煤,将留下的脊煤放出。

②单轮顺序放煤(图 7-9):按照 1#、2#放煤口顺序放煤,见到矸石后关闭放煤口。

③多轮顺序放煤(图 7-10):按照 1#、2#两架支架一起放的顺序放煤,见到矸石后关闭放煤口。

在割煤 3.2 m,放煤 8.6 m 情况下,通过对 9-301 工作面放煤方式进行数值模拟,可知多轮顺序放煤回采率最高为 85.7%,较单轮间隔放煤的 82.7%高出 3 个百分点,较单轮顺序放煤的 83.1%高出 2.6 个百分点。可知单轮间隔放煤的顶煤放出率最低,多轮顺序放煤的顶煤放出率最高,单轮顺序放煤的顶煤放出率介于二者之间。

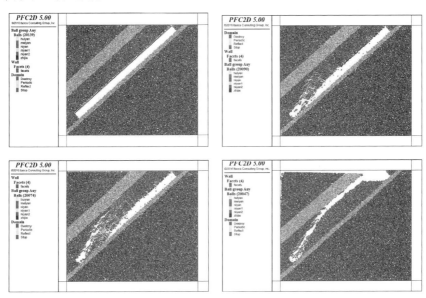

图 7-8　单轮顺序放煤

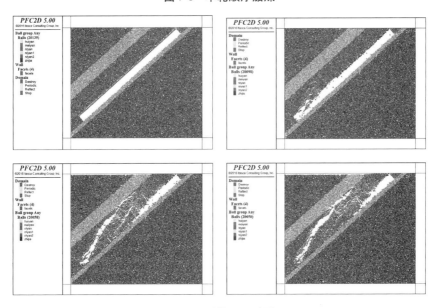

图 7-9　单轮间隔放煤

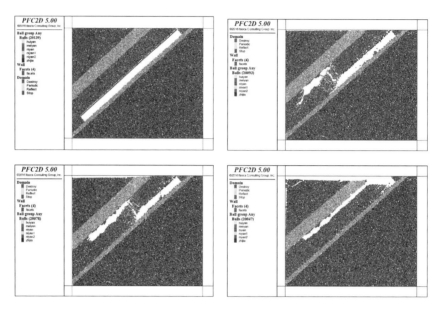

图 7-10　多轮顺序放煤

如图 7-10 所示,多轮顺序放煤方式虽然顶煤放出率较高,但是由于一次多个支架同时开始放煤,顶板由于重力和由上向下的双重作用会受到明显的影响,从而开始向放煤空间下沉,因而采场顶板控制难度较大。单轮间隔放煤和单轮顺序放煤虽然对顶板也存在扰动,但其对顶板的影响有限,也便于采场顶板的控制,同时单轮顺序放煤的顶煤放出率较单轮间隔放煤的顶煤放出率较高,故就大倾角煤层而言,放顶煤放煤方式推荐选用单轮顺序放煤的放煤方式。

7.5　工作面推采方向对顶煤回采率的影响

针对大倾角煤层,以 35°煤层倾角为例,沿煤层倾角进行由上向下放煤和由下向上放煤对回采率的影响进行分析,如图 7-11、图 7-12 所示。通过模拟可知,在相同的煤层倾角下,由下向上放煤的回采率为 82.5%,而由上向下放煤的回采率为83.1%高于由下向上的放煤方式,虽然由上向下放煤对顶板的影响较由下向上对顶板的影响大,但影响范围较小,所以从经济效益的角度考虑,在大倾角放顶煤时,推荐由上向下的放煤方式。

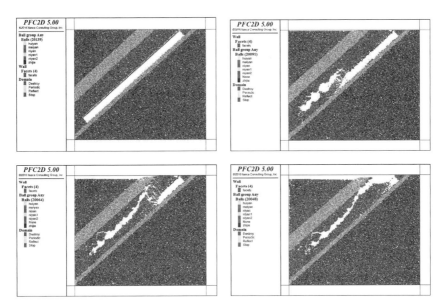

图 7-11　由下向上放煤

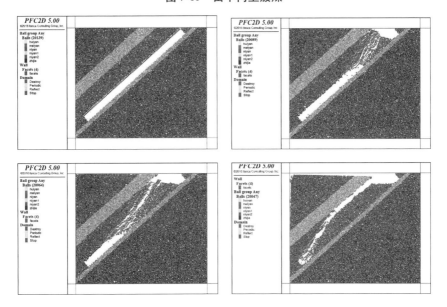

图 7-12　由上向下放煤

7.6 大倾角综放开采回采率分析

煤层倾角对顶煤移动规律及顶煤回采率有较大的影响,利用数值模拟分别分析了煤层倾角15°、25°、35°时顶煤回采率,得出工作面沿倾向由下向上推采时,随着煤层倾角增大回采率逐渐减小的规律,煤层倾角15°、25°、35°时顶煤回采率分别为79.2%、76.3%、74.2%。

通过模拟分析了放煤方式对回采率的影响规律。得到:多轮顺序放煤回采率>单轮顺序放煤回采率>单轮间隔放煤回采率。但由于多轮顺序放煤对顶板的影响较大,建议选用单轮顺序放煤的放煤方式。

分别模拟分析了一刀一放(放煤步距0.8 m)、两刀一放(放煤步距1.6 m)对顶煤回采率的影响规律。得到一采一放的回采率高于两采一放回采率的,且有利于顶板控制。

模拟分析了大倾角放顶煤工作面沿倾向不同推采方向(由上之下、由下至上)对顶煤放出率的影响。以35°煤层倾角为例,由下向上开采顶煤放出率为82.5%,而由上向下开采顶煤放出率为83.1%,两者差别较小,采用何种推采方向还应具体考虑工作面设备的稳定性。

8 现场工业性试验

8.1 试验工作面情况

选取庞庞塔矿正在回采的 9-301 工作面为试验工作面。9-301 工作面主采 9#煤层,平均埋深 460 m,煤层厚度 11.8 m,放顶煤开采,机采高度 3.2 m,放煤厚度 8.6 m,试验区域煤层倾角平均 22°。

①工作面采用伪斜布置,主巷超前副巷调斜角度 6°,采用由上向下放煤,一采一放,割煤步距 0.8 m,多轮顺序放煤,试验距离 16 m。

②工作面生产过程中,工作面采取双向割煤方式,根据顶板情况采取端头"∞"形斜切进刀方式。

③工作面移架时,必须带压移架,移架时使用侧护板和抬底油缸,及时调整支架状态,保证支架平稳可靠,前立柱初撑力不低于 26 MPa。拉移支架时采取带压擦顶移架,少降快拉,减少空顶时间,控制好顶板拉架时以下方支架为导轨前移,支架间距超过规定时,先调底座间距,然后再调倾斜度,调整以后再拉支架,防止个别支架下倾造成中部倒架。

④刮板输送机设置防滑千斤顶,工作面每隔 10~15 架设置一个防滑千斤顶,其一端与刮板机中部槽连接,另一端与液压支架底座相连,推移刮板输送机时将防滑千斤顶拉紧。

8.2　顶煤回收率监测方案

通过在顶煤不同位置安设监测点观测不同工艺下顶煤放煤高度,用以对比分析不同工艺下工作面的回采率。

在工作面不同区域布置监测点安装钻孔,共布置了 10 个监测断面,以 10# 支架作为起点,每间隔 10 架布置 1 个监测断面,每个监测断面在顶煤中布置 6 个测点,深度分别为 3 m、5 m、6 m、7 m、8 m、9 m,其中 9 m 点位于顶板 0.4 m 处。孔内的固定测点选用倒钩装置(图 8-1、图 8-2),能够很好地固定在孔内。现场施工时,在设计位置的相邻架间打直径 ϕ 42 mm、深度 9 m 的钻孔,利用钻杆将监测点推进至预定的观测深度。各断面的测点布置及各测点的位置如图 8-3 和表 8-1。

工作面放煤后,利用刮板输送机机头处的吸铁器和转载机处回收测点装置,根据回收到的测点装置,统计各断面的最大放煤高度。利用实际放煤高度与理论放煤高度的比值作为衡量顶煤回收率的指标。由于各测点之间存在 1 ~ 2 m 的间距,而计算时只考虑测点所在位置的顶煤高度,因此导致计算顶煤回收率存在一定误差,此处忽略不计。

图 8-1　测点装置

图 8-2　回收后的测点装置

表 8-1　各监测断面测点分布

测点位置 断面	3 m	5 m	6 m	7 m	8 m	9 m	安装位置 （以工作面 支架号为准）
1#断面	1#-3#	1#-5#	1#-6#	1#-7#	1#-8#	1#-9#	10#架
2#断面	2#-3#	2#-5#	2#-6#	2#-7#	2#-8#	2#-9#	20#架
3#断面	3#-3#	3#-5#	3#-6#	3#-7#	3#-8#	3#-9#	30#架
4#断面	4#-3#	4#-5#	4#-6#	4#-7#	4#-8#	4#-9#	40#架
5#断面	5#-3#	5#-5#	5#-6#	5#-7#	5#-8#	5#-9#	50#架
6#断面	6#-3#	6#-5#	6#-6#	6#-7#	6#-8#	6#-9#	60#架
7#断面	7#-3#	7#-5#	7#-6#	7#-7#	7#-8#	7#-9#	70#架
8#断面	8#-3#	8#-5#	8#-6#	8#-7#	8#-8#	8#-9#	80#架
9#断面	9#-3#	9#-5#	9#-6#	9#-7#	9#-8#	9#-9#	90#架
10#断面	10#-3#	10#-5#	10#-6#	10#-7#	10#-8#	10#-9#	100#架

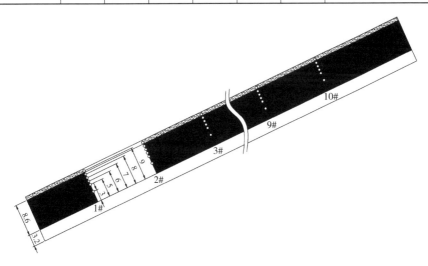

图 8-3　监测断面及测点布置（单位：m）

8.3 顶煤回收率监测数据分析

（1）不同放煤步距

分别观测单轮顺序放煤条件下的一刀一放（放煤步距 0.8 m）、两刀一放（放煤步距 1.6 m）的顶煤放煤高度，评价顶煤回收率。

一刀一放、单轮顺序放煤监测结果见表 8-2，两刀一放、单轮顺序放煤监测结果见表 8-3，每种情况下均进行 3 次观测，每次观测在工作面布置 4 个监测断面。一刀一放、单轮顺序放煤条件下，3 次观测的顶煤回收率分别为 0.93，0.93，0.94，平均为 0.93；两刀一放、单轮顺序放煤条件下，3 次观测的顶煤回收率分别为 0.91，0.90，0.89，平均为 0.90；由观测结果对比可知，一刀一放的顶煤回收率高于两刀一放。

（2）不同放煤方式

①一刀一放、单轮间隔放煤：首先打开 1#，3#等单号支架上的放煤口，到放煤口见矸石时关闭放煤口，此时，放煤口留下一定的脊煤。滞后一段距离再进行双号支架放煤，将留下的脊煤放出。该条件下的监测数据见表 8-4。

②一刀一放、单轮顺序放煤：按照 1#，2#，3#⋯放煤口顺序放煤，见到矸石后关闭放煤口。该条件下的监测数据见表 8-2。

③一刀一放、多轮顺序放煤：按照 1#，2#两架支架一起放的顺序放煤，见到矸石后关闭放煤口。该条件下的监测数据见表 8-5。

表8-2 一刀一放 单轮顺序放煤监测数据

时间	1#	2#	3#	4#	5#	6#	7#	8#	9#	10#
2018.11.3	1#-3# ✓	2#-3# ✓	3#-3# ✓	4#-3# ✓	5#-3# ✓	6#-3# ✓	7#-3# ✓	8#-3# ✓	9#-3# ✓	10#-3# ✓
	1#-5# ✓	2#-5# ✓	3#-5# ✓	4#-5# ✓	5#-5# ✓	6#-5# ✓	7#-5# ✓	8#-5# ✓	9#-5# ✓	10#-5# ✓
	1#-6# ✓	2#-6# ✓	3#-6# ✓	4#-6# ✓	5#-6# ✓	6#-6# ✓	7#-6# ✓	8#-6# ✓	9#-6# ✓	10#-6# ✓
	1#-7# ✓	2#-7# ✓	3#-7# ✓	4#-7# ✓	5#-7# ✓	6#-7# ✓	7#-7# ✓	8#-7# ✓	9#-7# ✓	10#-7# ✓
	1#-8# ×	2#-8# ✓	3#-8# ✓	4#-8# ×	5#-8# ✓	6#-8# ✓	7#-8# ✓	8#-8# ✓	9#-8# ✓	10#-8# ✓
	1#-9# ×	2#-9# ×	3#-9# ×	4#-9# ×	5#-9# ✓	6#-9# ×	7#-9# ×	8#-9# ×	9#-9# ✓	10#-9# ✓
回采率	0.81	0.93	0.93	0.81	1.00	0.93	0.93	0.93	1.00	1.00
平均回采率	0.93									

时间	1#	2#	3#	4#	5#	6#	7#	8#	9#	10#
2018.11.6	1#-3# ✓	2#-3# ✓	3#-3# ✓	4#-3# ✓	5#-3# ✓	6#-3# ✓	7#-3# ✓	8#-3# ✓	9#-3# ✓	10#-3# ✓
	1#-5# ✓	2#-5# ✓	3#-5# ✓	4#-5# ✓	5#-5# ✓	6#-5# ✓	7#-5# ✓	8#-5# ✓	9#-5# ✓	10#-5# ✓
	1#-6# ✓	2#-6# ✓	3#-6# ✓	4#-6# ✓	5#-6# ✓	6#-6# ✓	7#-6# ✓	8#-6# ✓	9#-6# ✓	10#-6# ✓
	1#-7# ✓	2#-7# ✓	3#-7# ✓	4#-7# ✓	5#-7# ✓	6#-7# ✓	7#-7# ✓	8#-7# ✓	9#-7# ✓	10#-7# ✓
	1#-8# ×	2#-8# ✓	3#-8# ✓	4#-8# ✓	5#-8# ×	6#-8# ✓	7#-8# ✓	8#-8# ✓	9#-8# ✓	10#-8# ✓
	1#-9# ×	2#-9# ×	3#-9# ×	4#-9# ×	5#-9# ×	6#-9# ×	7#-9# ×	8#-9# ×	9#-9# ✓	10#-9# ✓
回采率	0.81	0.93	0.93	0.93	0.81	0.93	0.93	0.93	1.00	1.00
平均回采率	0.93									

续表

时间	放煤口	1#	2#	3#	4#	5#6#		7#8#		9#10#	
		1#	2#	3#	4#	5#	6#	7#	8#	9#	10#
2018.11.10	3#	√	√	√	√	√	√	√	√	√	√
	5#	√	√	√	√	√	√	√	√	√	√
	6#	√	√	√	√	√	√	√	√	√	√
	7#	√	√	×	√	√	√	√	√	√	√
	8#	√	√	×	√	√	√	√	√	√	√
	9#	×	×	×	×	√	×	×	×	√	√
回采率		0.93	0.93	0.81	0.93	1.00	0.93	0.93	0.93	1.00	1.00
平均回采率						0.94					

表 8-3　两刀一放 单轮顺序放煤监测数据

时间	放煤口	1#	2#	3#	4#	5#	6#	7#	8#	9#	10#
2018.11.15	3#	√	√	√	√	√	√	√	√	√	√
	5#	√	√	√	√	√	√	√	√	√	√
	6#	√	√	√	√	√	√	√	√	√	√
	7#	×	×	√	×	√	√	×	√	√	√
	8#	×	×	√	×	√	√	×	√	√	√
	9#	×	×	×	×	×	×	×	×	×	√
回采率		0.81	0.81	0.93	0.81	0.93	0.93	0.81	0.93	0.93	1.00
平均回采率						0.90					

时间	1#	2#	3#	4#	5#	6#	7#	8#	9#	10#
2018.11.20	1#-3# √	2#-3# √	3#-3# √	4#-3# √	5#-3# √	6#-3# √	7#-3# √	8#-3# √	9#-3# √	10#-3# √
	1#-5# √	2#-5# √	3#-5# √	4#-5# √	5#-5# √	6#-5# √	7#-5# √	8#-5# √	9#-5# √	10#-5# √
	1#-6# √	2#-6# √	3#-6# √	4#-6# √	5#-6# √	6#-6# √	7#-6# √	8#-6# √	9#-6# √	10#-6# √
	1#-7# √	2#-7# √	3#-7# √	4#-7# √	5#-7# √	6#-7# √	7#-7# √	8#-7# √	9#-7# √	10#-7# √
	1#-8# ×	2#-8# √	3#-8# √	4#-8# √	5#-8# √	6#-8# √	7#-8# √	8#-8# √	9#-8# √	10#-8# √
	1#-9# ×	2#-9# ×	3#-9# ×	4#-9# ×	5#-9# ×	6#-9# ×	7#-9# ×	8#-9# ×	9#-9# √	10#-9# ×
回采率	0.81	0.93	0.81	0.93	0.93	0.93	0.93	0.93	1.00	0.93
平均回采率	0.91									

时间	1#	2#	3#	4#	5#6#	7#8#	9#10#	5#6#	7#8#	9#10#
2018.11.23	1#-3# √	2#-3# √	3#-3# √	4#-3# √	5#-3# √	6#-3# √	7#-3# √	8#-3# √	9#-3# √	10#-3# √
	1#-5# √	2#-5# √	3#-5# √	4#-5# √	5#-5# √	6#-5# √	7#-5# √	8#-5# √	9#-5# √	10#-5# √
	1#-6# √	2#-6# √	3#-6# √	4#-6# √	5#-6# √	6#-6# √	7#-6# √	8#-6# √	9#-6# √	10#-6# √
	1#-7# √	2#-7# √	3#-7# √	4#-7# √	5#-7# √	6#-7# √	7#-7# √	8#-7# √	9#-7# √	10#-7# √
	1#-8# √	2#-8# √	3#-8# ×	4#-8# ×	5#-8# ×	6#-8# ×	7#-8# √	8#-8# √	9#-8# √	10#-8# √
	1#-9# ×	2#-9# ×	3#-9# ×	4#-9# ×	5#-9# ×	6#-9# ×	7#-9# ×	8#-9# ×	9#-9# ×	10#-9# ×
回采率	0.93	0.93	0.81	0.81	0.81	0.81	0.93	0.93	0.93	0.93
平均回采率	0.89									

表 8-4 一刀一放 单轮间隔放煤监测数据

时间	1#	2#	3#	4#	5#	6#	7#	8#	9#	10#
2018.12.3	1#-3# √	2#-3# √	3#-3# √	4#-3# √	5#-3# √	6#-3# √	7#-3# √	8#-3# √	9#-3# √	10#-3# √
	1#-5# √	2#-5# √	3#-5# √	4#-5# √	5#-5# √	6#-5# √	7#-5# √	8#-5# √	9#-5# √	10#-5# √
	1#-6# √	2#-6# √	3#-6# √	4#-6# √	5#-6# √	6#-6# √	7#-6# √	8#-6# √	9#-6# √	10#-6# √
	1#-7# √	2#-7# √	3#-7# √	4#-7# √	5#-7# √	6#-7# √	7#-7# √	8#-7# √	9#-7# √	10#-7# √
	1#-8# ×	2#-8# ×	3#-8# √	4#-8# ×	5#-8# ×	6#-8# √	7#-8# ×	8#-8# ×	9#-8# √	10#-8# √
	1#-9# ×	2#-9# ×	3#-9# ×	4#-9# ×	5#-9# ×	6#-9# ×	7#-9# ×	8#-9# ×	9#-9# ×	10#-9# ×
回采率	0.81	0.81	0.93	0.81	0.81	0.93	0.81	0.81	0.93	0.93
平均回采率	0.86									
2018.12.7	1#-3# √	2#-3# √	3#-3# √	4#-3# √	5#-3# √	6#-3# √	7#-3# √	8#-3# √	9#-3# √	10#-3# √
	1#-5# √	2#-5# √	3#-5# √	4#-5# √	5#-5# √	6#-5# √	7#-5# √	8#-5# √	9#-5# √	10#-5# √
	1#-6# √	2#-6# √	3#-6# √	4#-6# √	5#-6# √	6#-6# √	7#-6# √	8#-6# √	9#-6# √	10#-6# √
	1#-7# √	2#-7# √	3#-7# √	4#-7# √	5#-7# √	6#-7# √	7#-7# √	8#-7# √	9#-7# √	10#-7# √
	1#-8# √	2#-8# ×	3#-8# ×	4#-8# ×	5#-8# √	6#-8# ×	7#-8# √	8#-8# √	9#-8# √	10#-8# √
	1#-9# ×	2#-9# ×	3#-9# ×	4#-9# ×	5#-9# ×	6#-9# ×	7#-9# ×	8#-9# ×	9#-9# ×	10#-9# ×
回采率	0.93	0.81	0.81	0.81	0.93	0.81	0.93	0.93	0.93	0.93
平均回采率	0.88									

时间	1#	2#	3#	4#	5#6#	7#8#	9#10#
2018.12.10	1#-3# √	2#-3# √	3#-3# √	4#-3# √	5#-3# √　6#-3# √	7#-3# √　8#-3# √	9#-3# √　10#-3# √
	1#-5# √	2#-5# √	3#-5# √	4#-5# √	5#-5# √　6#-5# √	7#-5# √　8#-5# √	9#-5# √　10#-5# √
	1#-6# √	2#-6# √	3#-6# √	4#-6# √	5#-6# √　6#-6# √	7#-6# √　8#-6# √	9#-6# √　10#-6# √
	1#-7# √	2#-7# √	3#-7# √	4#-7# √	5#-7# √　6#-7# √	7#-7# √　8#-7# √	9#-7# √　10#-7# √
	1#-8# √	2#-8# √	3#-8# ×	4#-8# ×	5#-8# ×　6#-8# ×	7#-8# √　8#-8# √	9#-8# √　10#-8# √
	1#-9# ×	2#-9# ×	3#-9# ×	4#-9# ×	5#-9# ×　6#-9# ×	7#-9# ×　8#-9# ×	9#-9# ×　10#-9# ×
回采率	0.93	0.93	0.81	0.81	0.81	0.93	0.93
平均回采率				0.88			

表 8-5　一刀一放 多轮顺序放煤监测数据

时间	1#	2#	3#	4#	5#	6#	7#	8#	9#	10#
2018.12.13	1#-3# √	2#-3# √	3#-3# √	4#-3# √	5#-3# √	6#-3# √	7#-3# √	8#-3# √	9#-3# √	10#-3# √
	1#-5# √	2#-5# √	3#-5# √	4#-5# √	5#-5# √	6#-5# √	7#-5# √	8#-5# √	9#-5# √	10#-5# √
	1#-6# √	2#-6# √	3#-6# √	4#-6# √	5#-6# √	6#-6# √	7#-6# √	8#-6# √	9#-6# √	10#-6# √
	1#-7# √	2#-7# √	3#-7# √	4#-7# √	5#-7# √	6#-7# √	7#-7# √	8#-7# √	9#-7# √	10#-7# √
	1#-8# √	2#-8# √	3#-8# √	4#-8# √	5#-8# √	6#-8# √	7#-8# √	8#-8# √	9#-8# √	10#-8# √
	1#-9# ×	2#-9# ×	3#-9# ×	4#-9# √	5#-9# √	6#-9# ×	7#-9# ×	8#-9# √	9#-9# √	10#-9# √
回采率	0.93	0.93	0.93	1.00	1.00	0.93	0.93	1.00	1.00	1.00
平均回采率					0.97					

续表

时间	1#	2#	3#	4#	5#	6#	7#	8#	9#	10#
2018.12.17	1#-3# ✓	2#-3# ✓	3#-3# ✓	4#-3# ✓	5#-3# ✓	6#-3# ✓	7#-3# ✓	8#-3# ✓	9#-3# ✓	10#-3# ✓
	1#-5# ✓	2#-5# ✓	3#-5# ✓	4#-5# ✓	5#-5# ✓	6#-5# ✓	7#-5# ✓	8#-5# ✓	9#-5# ✓	10#-5# ✓
	1#-6# ✓	2#-6# ✓	3#-6# ✓	4#-6# ✓	5#-6# ✓	6#-6# ✓	7#-6# ✓	8#-6# ✓	9#-6# ✓	10#-6# ✓
	1#-7# ✓	2#-7# ✓	3#-7# ✓	4#-7# ✓	5#-7# ✓	6#-7# ✓	7#-7# ✓	8#-7# ✓	9#-7# ✓	10#-7# ✓
	1#-8# ✓	2#-8# ✓	3#-8# ✓	4#-8# ✓	5#-8# ✓	6#-8# ✓	7#-8# ✓	8#-8# ✓	9#-8# ✓	10#-8# ✓
	1#-9# ×	2#-9# ✓	3#-9# ×	4#-9# ✓	5#-9# ✓	6#-9# ✓	7#-9# ×	8#-9# ×	9#-9# ✓	10#-9# ✓
回采率	0.93	1.00	0.93	1.00	1.00	1.00	0.93	1.00	1.00	1.00
平均回采率	0.98									

时间	1#	2#	3#	4#	5#6#	7#8#	9#10#	5#6#	7#8#	9#10#
2018.12.23	1#-3# ✓	2#-3# ✓	3#-3# ✓	4#-3# ✓	5#-3# ✓	6#-3# ✓	7#-3# ✓	8#-3# ✓	9#-3# ✓	10#-3# ✓
	1#-5# ✓	2#-5# ✓	3#-5# ✓	4#-5# ✓	5#-5# ✓	6#-5# ✓	7#-5# ✓	8#-5# ✓	9#-5# ✓	10#-5# ✓
	1#-6# ✓	2#-6# ✓	3#-6# ✓	4#-6# ✓	5#-6# ✓	6#-6# ✓	7#-6# ✓	8#-6# ✓	9#-6# ✓	10#-6# ✓
	1#-7# ✓	2#-7# ✓	3#-7# ✓	4#-7# ✓	5#-7# ✓	6#-7# ✓	7#-7# ✓	8#-7# ✓	9#-7# ✓	10#-7# ✓
	1#-8# ✓	2#-8# ✓	3#-8# ✓	4#-8# ✓	5#-8# ✓	6#-8# ✓	7#-8# ✓	8#-8# ✓	9#-8# ✓	10#-8# ✓
	1#-9# ×	2#-9# ×	3#-9# ✓	4#-9# ✓	5#-9# ✓	6#-9# ✓	7#-9# ✓	8#-9# ✓	9#-9# ×	10#-9# ✓
回采率	0.93	0.93	1.00	1.00	1.00	1.00	1.00	1.00	0.93	1.00
平均回采率	0.98									

通过对监测数据的统计分析可得到不同放煤方式下的顶煤回收率情况(表8-6),由表中数据可知,多轮顺序放煤的顶煤回收率最高,为0.98;单轮间隔放煤的顶煤回收率最低,为0.87;单轮顺序放煤的顶煤回收率介于以上二者之间,为0.93。由此可知,多轮顺序放煤更有利于对顶煤的回收。

表8-6 不同放煤方式下的顶煤回收率统计

放煤方式	1	2	3	平均
单轮间隔放煤	0.86	0.88	0.88	0.87
单轮顺序放煤	0.93	0.93	0.94	0.93
多轮顺序放煤	0.97	0.98	0.98	0.98

8.4 现场工业性试验

为进一步验证上述实验结果,选取两个月的生产时间进行现场工业性试验,具体的试验方案如下:

①2019.1.1—2019.1.31:采用一刀一放、单轮顺序放煤进行生产。

②2019.2.1—2019.2.28:采用一刀一放、多轮顺序放煤进行生产。

不同放煤工艺下,2019.1—2月的产量见表8-7。采用一刀一放、单轮顺序放煤进行生产时,工作面的回采率为90.5%,采用一刀一放、多轮顺序放煤进行生产时,工作面的回采率为96.0%,因此采用一刀一放、多轮顺序放煤工艺时,煤炭回采率较矿方目前采用的一刀一放、单轮顺序放煤高5.5个百分点。

在采用合理的工作面设备防倒、防滑措施后(具体措施详见技术报告),两种工艺下,工作面支架、刮板输送机运行平稳,没有出现倒滑现象;工作面煤壁稳定,没有出现局部冒顶现象。

表 8-7　2019 年 1—2 月工作面产量统计

试验时间	实际生产时间/天	工作面推进度/m	理论产量/t	实际产量/t	回收率/%
2019.1.1—2019.1.31	25	80	251 104	227 284	90.5
2019.2.1—2019.2.28	20	62	194 606	186 822	96.0

9   结语

综合应用理论分析、数值模拟、相似材料模拟、现场测试和井下调查等方法,遵循既定的研究路线进行了相关内容的研究,取得主要研究成果如下:

①对9#煤层及其顶底板煤岩进行了物理力学性能测试,具体测试参数包括:坚固性系数、含水率、真密度、视密度、抗压强度、抗拉强度、抗剪强度、弹性模量、泊松比等。测得的参数将作为理论计算与数值模拟的基础数据。

②利用已测得的9#煤层顶板地应力测试结果,推算9#煤层最大主应力为23.5 MPa,垂直应力为17.9 MPa。

③综合考虑煤层强度、开采深度、煤层厚度、煤层倾角、煤层顶、底板条件、煤层夹矸、瓦斯地质条件、水文地质条件、煤层自然发火危险性等因素,利用灰色-模糊评价模型,对9-301工作面顶煤的冒放性进行了评价,评价结果为顶煤可放性好。

④利用离层仪对靠近工作面顺槽的顶煤进行了观测,得到:工作面顶煤在距离采煤工作面30～50 m开采产生移动。受倾角影响,靠近9-3012巷(副巷)的顶煤位移量远大于靠近9-3011巷(主巷)的顶煤位移量。

⑤依据了大倾角煤层直接顶岩层和基本顶岩层的结构力学模型,分析了走向和倾向方向上顶板运动规律,阐明了顶板运动对大倾角综放工作面矿压显现规律的影响。大倾角工作面下段矿山压力显现主要由直接顶下分层垮落运动引起的,工作面上段矿山压力显现主要由基本顶的"大结构"起关键作用。

⑥利用FLAC³ᴰ软件建立了大倾角综放工作面开采数值模型,结果表明:

$5_{上}$-108 工作面遗留煤柱对 9-301 工作面矿山压力显现产生影响,靠近 9-3011 (主巷)80 m 范围内工作面受煤柱集中应力影响明显。煤柱区和非煤柱区超前支承压力峰值分别为 31.9 MPa 和 24.7 MPa,峰值点位于煤壁前 5 m 处,超前支承压力影响范围 45 m。工作面左、右两侧向支承压力峰值分别为 20.1 MPa 和 29.9 MPa,峰值点位于煤壁 5 m 处,侧向支承压力影响范围 24 m。

⑦以煤层倾角 30°进行了相似材料模拟实验,实验结果表明:采空区影响边界角不对称,上山方向移动角为 79°,下山移动角为 70°。覆岩移动具有沿煤层倾角向下滑移和推挤的趋势,易导致工作面设备的不稳定,引起主巷围岩压力增加。

⑧巷道表面变形监测表明,9-301 工作面两顺槽顶板移近量和两帮收敛量均较大,位移量大于 400 mm,且距离采煤工作面 30 ~ 25 m 时巷道表面变形开始加剧。

⑨巷帮深部位移监测结果表明:受倾角影响,9-3012 巷(副巷)中各个断面的最大深部位移位明显大于 9-3011 巷(主巷)。在距离工作面 25 ~ 35 m 处时监测断面的位移开始受到工作面的采动影响,数值开始急剧增大。

⑩顶板离层监测数据表明:距离工作面 30 ~ 40 m 时,受采动影响,工作面顺槽顶板离层数值开始大幅度增加。巷道上方 0 ~ 5 m 范围内离层最大为 89 mm,5 ~ 8 m 范围内离层量最大为 44 mm。

⑪超前单体支柱压力监测数据表明:在距工作面 15.3 ~ 31.5 m 时,超前单体支柱工作阻力急剧增加,进入工作面超前支承压力的影响范围,建议工作面超前支承距离不小于 40 m。

⑫锚杆(索)受力监测数据表明:同一监测断面,巷道下帮锚杆受力大于上帮锚杆受力。巷道顶板锚索受力最大,对控制巷道顶板稳定起主导作用,其最大受力达到了 200 kN 以上。距离采煤工作面 30 ~ 35 m 时锚索受力开始大幅度增加。

⑬煤体应力监测数据表明:在距采煤工作面 80 ~ 100 m 时,工作面前方支

承压力开始对煤体产生了影响,引起工作面超前煤体中应力的变化。

⑭理论分析了工作面支架的稳定性,庞庞塔矿 9-301 工作面煤层倾角大于 31°时就已大于极限倾倒角,支架存在倾倒危险。当煤层大于 19°时,就需对支架采取防滑措施。结合矿井开采实际条件,提出了工作面弯曲布置、伪斜布置、设置防倒(滑)千斤顶等设备防倒、防滑技术措施,制定了安全措施。

⑮数值模拟计算表明:煤层倾角对顶煤移动规律及顶煤回采率有较大的影响,当工作面沿倾向由下向上推采放煤时,随着煤层倾角增大顶煤放出率逐渐降低。

⑯通过模拟分析了放煤方式对回采率的影响规律。得到:多轮顺序放煤回采率>单轮顺序放煤回采率>单轮间隔放煤回采率。但由于多轮顺序放煤对顶板的影响较大,建议选用单轮顺序放煤的放煤方式。

⑰分别模拟分析了一刀一放(放煤步距 0.8 m)、两刀一放(放煤步距 1.6 m)对顶煤回采率的影响规律。得出一采一放的回采率高于两采一放的回采率,且有利于顶板控制。

⑱模拟分析了大倾角放顶煤工作面沿倾向不同推采方向(由上至下、由下至上)对顶煤放出率的影响。以 35°煤层倾角为例,由下向上开采顶煤放出率为 82.5%,而由上向下开采顶煤放出率为 83.1%,两者差别较小,采用何种推采方向还应具体考虑工作面设备的稳定性。

⑲对不同放煤步距、放煤方式下的顶煤回收率进行了现场试验,得出了一刀一放、多轮顺序放煤情况下顶煤回收率效果最佳的结论;现场工业性试验表明,一刀一放、多轮顺序放煤较一刀一放、单轮顺序放煤的回收率提高了 5.5%。

参考文献

[1] 王艳磊. 大倾角中厚煤层坚硬顶板综采采场矿压规律研究 [D]. 重庆：重庆大学，2015.

[2] BONDARENKO Y V，MAKEEV A Y，ZHUREK P，et al. Technology of coal extraction from steep seams in the Ostrava-Karvina basin [J]. Ugol Ukrainy，1993 (3)：45-48.

[3] 杨科，罗勇. 急斜煤层煤巷锚梁网支护技术 [J]. 矿山压力与顶板管理，2005 (4)：4-6,3,142.

[4] CHAMBERLIN J H H. Approach to steep seam mining [J]. Can Min Metall Bull，1973，65(728)：51-59.

[5] YEVDOSHCHUK M，KRYSHTAL A. About the nature of gas saturation in coal rock massifs ofthe Donets Basin (Ukraine) [J]. Proceedings of the Bulgarian Geological Society，2013：11-19.

[6] 石平五. 急斜煤层老顶破断运动的复杂性 [J]. 矿山压力与顶板管理，1999 (Z1)：26-28,238.

[7] 许祥左. 德国鲁尔矿区产业转型的具体实践及其启示 [J]. 煤炭经济研究，2013，33(5)：74-77.

[8] SCHULZ D. Recultivation of Mining Waste Dumps in the Ruhr Area，Germany [J]. Springer Netherlands，1996：21-32.

[9] 周颖. 大倾角煤层长壁综采工作面安全评价研究 [D]. 西安：西安科技大

学,2010.

[10]刘黎明.长山子煤矿大倾角煤层综放开采覆岩运移规律研究[D].西安:西安科技大学,2015.

[11]ONGALLO ACEDO J M, FEMANDEZ V L. Experience with integrated exploition systems in narrow, very steep seams in Hunosa [C]//8th international congress on mining and metallurgy. 1998(3):1-23.

[12]张红义,魏宗勇,杨小顺,等.大倾角松软特厚煤层综放开采可行性研究[J].陕西煤炭,2019,38(05):30-34.

[13]刘旺海.大倾角煤层长壁采场煤矸互层顶板破断机理研究[D].西安:西安科技大学,2020.

[14]李春光.大倾角特厚煤层综放开采顶煤冒放性评价[J].煤,2022,31(1):98-101.

[15]徐永圻.煤矿开采学[M].徐州:中国矿业大学出版社,2009.

[16]蒲文龙.大倾角厚煤层开采技术研究[D].阜新:辽宁工程技术大学,2005.

[17]刘峰,曹文君,张建明.持续创新70年硕果丰盈——煤炭工业70年科技创新综述[J].中国煤炭,2019,45(9):5-12.

[18]樊运策,毛德兵.缓倾斜特厚煤层综放开采合理开采厚度的确定[J].煤矿开采,2009,14(2):3-5.

[19]路学忠.煤炭井工开采技术研究[M].银川:宁夏人民出版社,2019.

[20]WU J. et al. Safety problems in fully-mechanized top-coal caving long wall faces [J]. Journal of China University of Mining & Technology. 1994(2):20-25.

[21]范维唐.中国厚煤层技术现状和发展方向[J].煤炭学报,1996,2(1):1-9.

[22]伍永平,贠东风,周邦远,等.绿水洞煤矿大倾角煤层综采技术研究与应用[J].煤炭科学技术,2001(4):30-32.

[23]贠东风,谷斌,伍永平,等.大倾角煤层长壁综采支架典型应用实例及改进研究[J].煤炭科学技术,2017,45(1):60-67,72.

[24] 杜洪涛. 浅析国内外大倾角煤层开采技术现状及发展[J]. 内蒙古煤炭经济,2014(7):8-12.

[25] 华亭煤业急倾斜煤层开采技术再获突破[J]. 煤炭科技,2014(2):105.

[26] 程鹏. 8 m 厚55°大倾角煤层开采技术方案研究[J]. 能源技术与管理,2021,46(6):82-84.

[27] 秦冬冬. 新疆准东矿区缓斜巨厚煤层多分层开采覆岩结构演变机理及控制[D]. 徐州:中国矿业大学,2020.

[28] 钱鸣高. 矿山压力及其控制[M]. 北京:煤炭工业出版社,1991.

[29] 马伟民,王金庄. 煤矿岩层与地表移动[M]. 北京:煤炭工业出版社,1981.

[30] 钱鸣高. 采场矿山压力与控制[M]. 北京:煤炭工业出版社,1983.

[31] 刘黎明. 长山子煤矿大倾角煤层综放开采覆岩运移规律研究[D]. 西安:西安科技大学,2015.

[32] 钱鸣高. 岩层控制的关键层理论[M]. 徐州:中国矿业大学出版社,2000.

[33] 黄建功. 大倾角煤层采场顶板运动结构分析[J]. 中国矿业大学学报,2002,31(5):411-414.

[34] 黄建功,平寿康. 大倾角煤层采面顶板岩层运动研究[J]. 矿山压力与顶板管理,2002(2):19-21.

[35] 肖家平,杨科,刘帅,等. 大倾角煤层开采覆岩破断机制研究[J]. 中国安全生产科学技术,2019,15(3):75-80.

[36] 王家臣,赵兵文,赵鹏飞,等. 急倾斜极软厚煤层走向长壁综放开采技术研究[J]. 煤炭学报,2017,42(2):286-292.

[37] LUO S H,WU Y P,LIU K Z. Asymmetric load and instability characteristics of coal wall at large mining height fully-mechanized face in steeply dipping seam. Jourral of China Coal Society,2018,43(7):1829-1836.

[38] 孟宪锐,问荣峰,刘节影,等. 千米深井大倾角煤层综放采场矿压显现实测研究[J]. 煤炭科学技术,2007(11):14-17,21.

［39］张艳丽,李开放,任世广.大倾角煤层综放开采中上覆岩层的运移特征
　　［J］.西安科技大学学报,2010,30(2):150-153.

［40］来兴平,程文东,刘占魁.大倾角综采放顶煤开采数值计算及相似模拟分析
　　［J］.煤炭学报,2003,28(2):117-120.

［41］张顶立,王悦汉.综采放顶煤工作面岩层结构分析［J］.中国矿业大学学报,
　　1998(4):340-343.

［42］王汉斌.急倾斜多煤层开采诱发覆岩及地表移动规律研究［D］.北京:中国
　　地质大学,2020.

［43］陈梁.采动影响下大倾角煤层巷道围岩破裂演化与失稳机理研究［D］.徐
　　州:中国矿业大学,2020.

［44］双海清.缓倾斜煤层采动卸压瓦斯储运优势通道演化机理及应用［D］.西
　　安:西安科技大学,2017.

［45］张淼.大倾角中厚煤层破碎顶板炮采转综采围岩稳定性研究［D］.重庆:重
　　庆大学,2015.

［46］黄春光.大倾角"三软"不稳定厚煤层放顶煤开采矿压规律研究［D］.焦作:
　　河南理工大学,2010,4.

［47］方伯成.大倾角工作面矿压显现分析［J］.矿山压力与顶板管理,1995(4):
　　26-30.

［48］华道友,平寿康.大倾角煤层矿压显现立体相似模拟［J］.矿山压力与顶板
　　管理,1997(3):97-100.

［49］王金安,张基伟,高小明,等.大倾角厚煤层长壁综放开采基本顶破断模式
　　及演化过程(Ⅰ)——初次破断［J］.煤炭学报,2015,40(6):1353-1360.

［50］王金安,张基伟,高小明,等.大倾角厚煤层长壁综放开采基本顶破断模式
　　及演化过程(Ⅱ)——周期破断［J］.煤炭学报,2015,40(8):1737-1745.

［51］吴绍倩,石平五.急斜煤层矿压显现规律的研究［J］.西安矿业学院学报,
　　1990(2):1-9.

[52]石平五.大倾角煤层底板滑移机理[J].矿山压力与顶板管理.1993.16（4）:7-9.

[53]蒋威.深埋大倾角工作面巷道围岩稳定性分析[J].煤炭工程,2016,48（6）:95-98.

[54]程文东,李俊民.大倾角煤层长壁综放采场围岩活动规律[J].中国矿业,2009,18（5）:56-58.

[55]杨秉权,孔凡堂.大倾角煤层单体液压支柱放顶煤矿压分析[J].煤矿开采.1994,41（2）:50-53.

[56]薛成春,曹安业,郭文豪,等.深部大倾角厚煤层开采能量演化规律与冲击地压发生机理[J].采矿与安全工程学报,2021,38（5）:876-885.

[57]闫少宏.大倾角软岩底板破坏滑移机理[J].矿山压力与顶板管理.1995,21（1）:20-23.

[58]闫少宏.急倾斜煤层开采覆岩运动的有限变形分析[J].矿山压力与顶板管理.1994,24（30）:27-30.

[59]陈洋,臧传伟,瞿晨明,等.松软煤层巷帮变形特征及围岩稳定性研究[J].中国矿业,2021,30（6）:120-126.

[60]房耀洲,刘秋菊,刘峰.煤层倾角对综放沿空留巷支护体稳定性影响研究[J].煤炭技术,2021,40（10）:52-55.

[61]伍永平.大倾角煤层开采"R-S-F"系统动力学控制基础研究[D].西安:西安科技大学,2003.

[62]辛亚军,勾攀峰,贠东风,等.大倾角软岩回采巷道围岩失稳特征及支护分析[J].采矿与安全工程学报,2012,29（5）:637-643.

[63]袁永,屠世浩,王继林,等.大倾角特厚煤层综放开采技术的研究与应用[J].煤矿安全,2009,40（11）:48-50.

[64]罗生虎,田程阳,伍永平,等.大倾角煤层长壁开采顶板受载与变形破坏倾角效应[J].中国矿业大学学报,2021,50（6）:1041-1050.

［65］蔡瑞春.大倾角煤层开采矿压特征及围岩控制技术研究［D］.淮南:安徽理工大学,2009.

［66］仲涛.特厚煤层综放开采煤矸流场的结构特征及顶煤损失规律研究［D］.徐州:中国矿业大学,2015.

［67］王超,王开,张小强,等.大倾角特厚煤层综放开采工艺参数研究［J］.矿业研究与开发,2018,38(1):11-14.

［68］樊克松.特厚煤层综放开采矿压显现与地表变形时空关系研究［D］.北京:煤炭科学研究总院,2019.

［69］赵冬.庞庞塔矿大倾角松软厚煤层综采工作面支架稳定性控制技术［J］.煤矿现代化,2021,30(2):153-155+158.

［70］宋平,刘宝珠.唐山矿大倾角厚煤层错层位综放开采技术研究［J］.煤矿开采,2017,22(4):28-31.

［71］柳研青,蒋金泉,张培鹏,等.大倾角煤层开采覆岩运移规律数值模拟研究［J］.煤炭技术,2017,36(2):84-87.

［72］任旭阳.东峡煤矿大倾角特厚煤层分层综放下分层工作面矿压显现规律［D］.西安:西安科技大学,2020.

［73］贾湛永.大倾角松软厚煤层综放开采顶煤运移规律及试验研究［J］.能源与环保,2020,42(9):224-229.

［74］赵龙.大倾角煤层俯采工作面矿压显现规律［J］.现代矿业,2020,36(12):196-198.

［75］王爱龙.双斜大倾角综放面顶煤运移特征及围岩稳定性控制机理［D］.徐州:中国矿业大学,2019.

［76］朱川曲,缪协兴.急倾斜煤层顶煤可放性评价模型及应用［J］.煤炭学报,2002,27(2):134-138.

［77］郭东明,朱衍利,范建民,等.大倾角松软厚煤层综放开采矿压显现特征及控制技术［M］.北京:冶金工业出版社,2012

［78］杨宝婷.采动作用下黄土破坏及其环境效应研究［D］.徐州:中国矿业大学,2019.

［79］李浩威.姚家山 5 号煤层瓦斯赋存规律及层次分析法在瓦斯灾害预测中的应用［D］.徐州:中国矿业大学,2015.

［80］刘兵晨.姚家山矿千米立井井壁稳定性及支护技术研究［D］.太原:太原理工大学,2012.

［81］韦忙忙.陕西省煤炭资源赋存规律及其信息管理系统研究［D］.西安:西安科技大学,2016.

［82］林亮,黄晓明,赵玉峰,等.山西柳林地区煤层气储层特征［C］∥煤层气勘探开发理论与技术——2010 年全国煤层气学术研讨会论文集,2010:143-148.

［83］王凯.开拓前煤与瓦斯突出危险性区域预测技术研究［D］.廊坊:华北科技学院,2017.

［84］时成忠.兖州矿区综放端头区煤岩的失稳冒放规律及放煤研究［D］.徐州:中国矿业大学,2017.

［85］罗宇恩.大倾角近距离煤层开采覆岩运移及矿压显现规律研究［D］.西安:西安科技大学,2019.

［86］何生全.近直立煤层群综放开采冲击地压机理及预警技术研究［D］.北京:北京科技大学,2021.

［87］衣然.急倾斜煤层伪斜开采矿压规律及柔掩支架稳定性研究［D］.鞍山:辽宁工程技术大学,2020.

［88］卜若迪.厚煤层沿空巷道切顶卸压和锚固协同围岩稳定性控制研究［D］.徐州:中国矿业大学,2020.

［89］范志忠.大采高综采面围岩控制的尺度效应研究［D］.北京:中国矿业大学,2019.

［90］刘孔智.大倾角大采高长壁综采工作面煤壁稳定性研究与应用［D］.西安:

西安科技大学,2017.

[91]田茂霖.深厚工作面软弱顶板与煤壁偏压失稳机理研究[D].徐州:中国矿业大学,2020.

[92]杨明.深井坚硬顶板沿空留巷底鼓机理及其防控研究[D].淮南:安徽理工大学,2018.